NOTE
SUR QUELQUES ÉDUCATIONS
DE VERS
PRODUCTEURS DE LA SOIE

Lue à la Société d'Histoire naturelle de la Moselle en Octobre 1865.

PAR

M. E. DE SAULCY

CHEVALIER DE LA LÉGION D'HONNEUR, ANCIEN OFFICIER DE LA MARINE MILITAIRE
ANCIEN ÉLÈVE DE L'ÉCOLE POLYTECHNIQUE
MEMBRE DE L'ACADÉMIE IMPÉRIALE DE METZ
MEMBRE DE LA SOCIÉTÉ D'HISTOIRE NATURELLE DE LA MOSELLE
MEMBRE DE LA SOCIÉTÉ IMPÉRIALE ZOOLOGIQUE D'ACCLIMATATION
ET DE PLUSIEURS AUTRES SOCIÉTÉS SAVANTES

Extrait du 10e Bulletin de la Société d'Histoire Naturelle du département de la Moselle

METZ
J. VERRONNAIS, IMPRIMEUR DE LA SOCIÉTÉ D'HISTOIRE NATURELLE

1866

NOTE

SUR

QUELQUES ÉDUCATIONS DE VERS

PRODUCTEURS DE LA SOIE.

MESSIEURS,

L'intérêt avec lequel vous avez accueilli, en 1860, une communication de notre savant confrère, M. Géhin, sur ses éducations du ver de l'ailante et du métis de ce ver avec celui du ricin, m'encourage à vous présenter, à mon tour, le résumé des expériences que nous avons tentées en 1864 et en 1865, au Jardin botanique de Metz, M. Belhomme et moi, en vue d'étudier les chances que pourrait offrir dans le département de la Moselle l'éducation des variétés déjà connues du ver à soie ordinaire, de même que celle des espèces nouvelles que nous avons pu nous procurer de ces précieux insectes.

Nous ne chercherons point à pénétrer les causes de la mortalité qui sévit chaque année sur les plus belles races du ver du mûrier et qui les a pour ainsi dire anéanties ; c'est croyons-nous chose faite, car le capitaine Hutton * vient de traiter cette question si embrouillée jusqu'ici, à la façon d'un homme qui a mis le doigt sur une grosse vérité. Nous nous bornerons à dire que le mal est arrivé aux proportions d'une calamité publique, et que depuis plus de dix ans nos malheureux magnaniers voient régulièrement leurs plus chères espérances ruinées par la gattine qui prélève impitoyablement jusqu'aux cinq sixièmes de leur récolte, à moins toutefois qu'elle ne la détruise en totalité. Et pourtant, chaque année, pour se procurer de la graine présumée bonne, ils vont en chercher jusque dans les pays les plus lointains, et s'imposent un sacrifice qui n'est pas inférieur à dix-sept millions de francs **.

Il y a donc un énorme intérêt à tâcher de sortir d'une situation aussi fâcheuse et à s'affranchir, si c'est possible, d'un tribut annuel aussi lourd. Pour atteindre ce but, on peut, ce nous semble, recourir à trois moyens qui s'offrent tout naturellement à l'esprit.

Le premier serait d'abord d'introduire chez nous des races saines, s'il en existe encore, provenant de contrées où la maladie n'aurait point paru jusqu'ici, et de les exploiter avec intelligence en leur donnant tous les soins hygiéniques

* Guérison et amélioration du ver à soie, par le capitaine Hutton, à Mussooree (Indes-Orientales). Extrait du *Journal de la Société d'acclimatation de Berlin*, et traduit par M. le docteur Sacc. Voir le *Bulletin de la Société impériale zoologique d'acclimatation ;* 2e série, tome II, p. 339.... 354.

** Note de M. Guérin-Méneville, lue à l'Académie des Sciences, le 4 juillet 1864. — Voir le *Moniteur universel* du 6, même mois.

prescrits par la prudence et commandés par l'intérêt même des éducateurs.

Le second consisterait à importer en Europe et à les y acclimater, si faire se peut, d'autres espèces plus voisines de l'état de nature et dont l'industrie n'aurait pas encore vicié les sources de la reproduction.

Le troisième enfin serait de tendre par tous les procédés en notre pouvoir, et en se rapprochant le plus possible de ceux employés par la nature, à régénérer la race du ver à soie du mûrier et à la ramener à son type ainsi qu'à sa primitive vitalité qu'on s'évertue, depuis tantôt quarante siècles, à ruiner par des soins inintelligents comme le dit fort judicieusement le capitaine Hutton dans son très-remarquable travail *.

Dans notre opinion on doit employer simultanément les trois moyens, parce que rien ne doit être négligé dans une aussi grave question ; mais il faut surtout recourir au troisième qui nous semble le plus efficace et le plus radical, par la raison qu'il s'applique immédiatement à une race façonnée depuis des siècles au climat de l'Europe et qu'il impose d'ailleurs des règles d'hygiène dont il n'est pas permis de s'écarter, sous peine de ruiner à leur tour les races encore saines et même les espèces nouvelles, de la même manière qu'on est arrivé à ruiner et presqu'à détruire la race précieuse, et Dieu sait, si rustique du ver à soie ordinaire.

Plusieurs expérimentateurs, ceux d'Alsace en particulier, ont essayé de marcher dans cette voie que nous croyons la bonne ; mais personne n'avait encore abordé, jusqu'ici, le

* Voir le numéro du mois de juin 1865 du *Bulletin de la Société impériale zoologique d'acclimatation*, p. 342 et 348.

grave problème de la régénération de l'espèce avec autant d'assurance que le capitaine Hutton. On est arrivé cependant à d'heureux résultats, comme on peut s'en convaincre en lisant le rapport présenté en 1864 par M. Lereboulet à la Société des sciences, agriculture et arts de Strasbourg ; et les succès partiels obtenus jusqu'ici, sont comme un gage assuré de ceux qu'il est permis d'espérer dans l'avenir.

C'est en nous inspirant de cette double pensée d'acclimatation et de régénération que nous avons tenté la série d'expériences dont nous venons vous apporter les résultats.

Au mois de mai 1864 nous avons mis à l'incubation des œufs de douze races du bombyx du mûrier ; et nous avons entrepris dans le courant de la même année l'éducation de trois autres espèces de vers aptes à produire de la soie, mais ne se nourrissant pas de la même feuille. Nous avons eu de la sorte une série de quinze expériences comparatives qu'il n'a pas été possible, bien entendu, de conduire tout à fait parallèlement par la raison que les éclosions, pour les espèces différentes, ne se font point aux mêmes époques.

Les œufs de vers à soie du mûrier, sur lesquels nous avons opéré, provenaient des localités suivantes :

1. Kia-Ting.
2. Pao-Ning.
3. Tshen-Fu.
4. Shang-Tong.
5. Shang-Se.
6. Nord de la Chine.
7. Sud de la Chine.
8. Japon (sans autre ind^{on}).
9. May-Bash (Japon).
10. Le Puy (Haute-Loire).
11. Suisse.
12. Perse.

La graine des cinq premiers numéros avait été rapportée

par M. Eugène Simon ; et celle des quatre suivants par M. Berlandier.

En dehors de ces races qui vivent de la feuille du mûrier, nous avons expérimenté encore :

Le bombyx Yama-Maï, du Japon, dont la larve vit sur le chêne ;

Le bombyx Cynthia, de la Chine, qui vit sur l'ailante ;

Et le bombyx Cécropia, de l'Amérique du Nord, qui se nourrit des feuilles du prunier.

Nous devons dire de suite que les graines de M. Berlandier ont été rapportées par cet intrépide voyageur pendant l'hiver de 1863-64, à travers la Mongolie, et par la Sibérie où il a souffert pendant trente-deux jours d'une température de 38 degrés Réaumur au-dessous de zéro *. On comprend sans peine qu'un froid pareil ait dû exercer une fâcheuse influence sur la qualité de la graine, et de fait elle a donné fort peu d'éclosions.

Quant aux autres races de la Chine qui n'ont point été rapportées par M. Berlandier, nous ignorons complétement dans quelles conditions elles ont été amenées en France.

C'est le 6 mai que nous avons mis à l'incubation toute notre graine de vers à soie du mûrier, par lots suffisamment espacés pour éviter toute espèce de confusion dans les éducations qui devaient en résulter.

Le tableau suivant indique les provenances et le nombre des œufs mis à l'incubation, en même temps que celui des éclosions correspondantes.

* Voir la note de M. Frédéric Jacquemart sur la graine du ver à soie du mûrier ; *Bulletin de la Société impériale zoologique d'acclimatation*, année 1865, p. 67.

LIEUX D'ORIGINE de la GRAINE.	NOMBRE DES OEUFS mis à L'INCUBATION.	QUANTITÉ des ÉCLOSIONS.
Kia-Ting.	150	0
Pao-Ning.	300	0
Tshen-Fu.	100	0
Shang-Tong.	400	0
Shang-Si.	200	0
Nord de la Chine.	400	20
Sud de la Chine.	300	9
Japon.	350	1
May-Bash (Japon).	300	32
Puy (France).	500	totalité ou peu s'en faut.
Suisse.	650	id.
Perse.	600	id.

Parmi les races de l'extrême Orient, trois seulement ont donné des naissances, car on ne peut point en réalité parler de celle du Japon qui n'a donné qu'une seule éclosion, puisque la petite chenille que nous avions obtenue, était morte dès le lendemain de sa naissance. Toutefois il est bon de signaler que les œufs rapportés par M. Berlandier, malgré le froid intense auquel ils avaient été soumis, sont les seuls qui nous aient donné des éclosions.

Race du nord de la Chine. — La race du nord de la Chine a donné vingt petites chenilles. La semence avait été mise à l'incubation le 6 mai, comme nous avons dit, et c'est le 25 seulement, au bout de dix-neuf jours, que les larves ont commencé à sortir. Leur éducation a marché régulièrement ; sans devenir bien grosses elles étaient très-fermes au toucher et de bon appétit. Au quatrième âge presque toutes avaient la teinte et le brillant de la porcelaine blanche ;

quelques sujets, néanmoins, présentaient des variétés de coloration. Sur quelques-uns tout le corps était d'une nuance uniforme gris plombé, avec une zone blanchâtre étroite qui séparait chaque anneau du suivant. Une autre variété présentait sur chaque segment, dont le fond était gris, deux ocelles ornées d'une tache couleur d'ocre.

Vers la fin de l'éducation, nous avons perdu par le flat ou pourriture, trois chenilles qui sont mortes à peu d'intervalle l'une de l'autre.

Le 13 juillet, quarante-neuf jours après l'éclosion, nous avons eu le premier cocon ; les autres ont été filés successivement, et nous en avons obtenu dix-sept. Ils étaient petits, mais bien faits, d'un beau blanc, et assez résistants sous la pression du doigt.

Sur les dix-sept cocons, huit n'ont pas donné de papillons ; les neuf autres ont fourni sept mâles et deux femelles qui ont été accouplées le 1er août. Les cocons n'ont été percés que seize ou dix-sept jours après leur formation. Les papillons de cette race étaient assez vifs et de bonne apparence, mais un peu petits.

Race du sud de la Chine. — La race du sud de la Chine, rapportée comme la précédente par M. Berlandier, a donné neuf larves ; l'éclosion de la graine n'a eu lieu que le 30 mai, cinq jours en retard sur celle du nord. Les chenilles ont offert exactement la même apparence pour la couleur et la dimension ; une seule avait une teinte grise uniforme au lieu d'être d'un beau blanc de porcelaine.

A la fin de l'éducation nous avons perdu une larve par le flat. Le lendemain 14 juillet, quarante-cinq jours après les premières naissances, nous avons eu un cocon, les autres ont suivi et il y en a eu huit dont un seul jaune, et sept blancs. Ils étaient petits et légèrement étranglés vers le milieu.

Trois des cocons blancs n'ont point donné de papillon. Des cinq autres nous avons eu cinq mâles petits, mais alertes et offrant toutes les apparences de la santé.

Race May-Bash. — La graine japonaise désignée sous le nom de May-Bash, mise à l'incubation en même temps que les autres, a donné ses premières éclosions le 18 mai, après douze jours d'attente, au lieu de dix-neuf et de vingt-quatre comme les deux races de la Chine. Elle a fourni trente-deux larves qui ont accompli très-régulièrement toutes les phases de leur existence et qui ont filé trente-deux cocons dont le premier a été commencé le 9 juillet, cinquante-deux jours après la première naissance. Les chenilles May-Bash étaient comme celles du nord et du sud de la Chine, médiocrement grosses, fermes, de bon appétit, d'un beau blanc brillant comme de la porcelaine, mais elles ne présentaient aucune variété de coloration. Elles étaient, sans doute, d'une constitution plus robuste que celles de la Chine, puisque pas une n'a manqué de filer son cocon, sans avoir présenté la moindre trace de maladie.

Tous les cocons, d'une jolie nuance verte tirant un peu sur le jaune, étaient réguliers, bien faits et présentaient un léger étranglement vers le milieu de leur longueur. Leur soie nous a paru très-fine et très-douce au toucher, et malgré que les cocons fussent très-petits, ils devaient en fournir néanmoins une grande longueur car ils étaient très-épais, ce qui leur donnait beaucoup de résistance à la pression du doigt.

Les trente-deux cocons ne nous ont donné que vingt-cinq papillons, onze mâles et quatorze femelles, ils ont commencé à sortir à partir du 1er août, 23 jours après la formation du premier cocon. Nous soupçonnons que les sept avortements de nymphes que nous avons reconnus dans cette race, de même que ceux que nous avons constatés dans toutes les autres, tiennent en majeure partie à ce que nos cocons ont été tenus trop abrités, qu'ils ont eu probablement trop chaud, et qu'ils ont manqué d'air dont l'extrême abondance nous semble maintenant une condition indispensable au bon état de santé des chenilles et des papillons sous toutes leurs formes. Quoiqu'il en soit, nous avons recueilli assez d'œufs pour qu'il nous ait été possible d'en expédier à trois personnes et d'en garder cependant une quantité suffisante pour recommencer en 1865 une nouvelle éducation, en vue de propager cette race qui nous a semblé précieuse.

Les papillons étaient à la vérité un peu petits; mais ils étaient agiles et pleins d'ardeur pour s'accoupler.

M. Guérin-Méneville si compétent pour tout ce qui est de sériciculture, nous a affirmé que les vers à soie de race May-Bash ne donnaient que des cocons blancs; nous admettons bien volontiers le fait; néanmoins comme les œufs que nous avons expérimentés et que nous tenions de la générosité de M. Guérin lui-même, étaient qualifiés May-Bash sur le carton qui les portait, et que le nom de M. Berlandier était inscrit à côté de cette désignation, il ne nous a pas semblé possible de donner aux larves une autre appellation que celle sous laquelle nous avions reçu la graine. S'il n'y a point de cocon May-Bash de couleur verte, il faut admettre que M. Berlandier aura été induit en erreur, sur la provenance de sa graine, au Japon même, ce qui serait après tout d'une très-minime importance vu que la race qu'il a rapportée parait saine et vigoureuse et que la soie qu'elle produit est fort belle.

Race du Puy (*Haute-Loire*). — Le race du Puy nous avait été donnée comme provenant originairement du Japon. Elle avait, disait-on, déjà produit en France trois générations successives sans avoir été atteinte par la maladie. Sa graine nous a donné, après neuf jours d'incubation, une éclosion presque complète ; mais si l'éclosion a été belle, l'éducation, en revanche, a été plus que médiocre. Presque toutes les larves ont péri par la pourriture et bon nombre ont été enlevées par la gattine. Les mues se sont accomplies avec difficulté, et à la quatrième plusieurs vers ont eu beaucoup de peine à se débarrasser de leur vieille peau dans laquelle ils restaient engagés par leurs derniers anneaux. Le 8 juillet, quarante-huit jours après les premières éclosions, nous avons obtenu le premier cocon suivi bientôt par les autres, et nous n'en avons récolté en tout que soixante. Ils étaient beaux, bien faits, de couleur nanquin et présentaient, comme les May-Bash, un étranglement au milieu. Leur soie aussi nous a semblé très-belle. Sur les soixante cocons nous n'avons pas eu plus de 23 papillons, et comparés à ceux de Chine et du Japon, ils étaient languissants et de mauvaise mine quoique plus gros. Les papillons ont commencé à percer les cocons le 3 août, 26 jours après leur formation. Nous avons obtenu quatre accouplements dont nous avons réservé les œufs pour voir si une nouvelle éducation nous donnerait, en 1865, une amélioration quelconque dans le tempérament si gravement compromis de cette race qui a dû être très-belle

Race de Suisse. — On affirmait aussi que la race Suisse était exempte de maladie ! Après treize jours d'incubation, la graine nous a effectivement donné une magnifique éclosion ; mais l'éducation a été plus malheureuse encore que celle de la race du Puy. A partir du deuxième âge une mortalité effroyable a sévi sur les larves. C'est le flat qui s'est montré d'abord, puis au quatrième âge la gattine est venue s'y joindre, tant et si bien, que des six cents chenilles écloses nous n'avons eu que dix-huit cocons, dont quatorze jaunes et quatre blancs. Presque toutes les nymphes ont été trouvées mortes dans le cocon, et nous n'avons eu que trois papillons de mauvaise apparence. Le 8 août nous avons eu un accouplement qui nous a donné quelques œufs qui sont restés stériles ; les papillons ne se sont montrés que vingt-sept jours après la formation du cocon.

Race Perse. — Depuis l'année 1859, nous possédions la race Perse, race robuste et donnant de très-gros cocons blancs. Mais en raison même de sa rusticité on ne lui avait pas donné, en 1863, tous les soins dont il n'est jamais prudent de se départir quand on veut conserver de bons reproducteurs ; aussi notre éducation de 1864 est-elle venue nous infliger les rudes, mais justes conséquences de notre négligence pendant celle de 1863.

Pour ne rien omettre des circonstances qui se sont groupées comme un funèbre cortége autour de cette race destinée à périr entre nos mains, il faut ajouter qu'en 1863 elle avait fourni une notable quantité de graine, et qu'au mois de décembre cette graine avait été expédiée en totalité à St-Etienne pour y être soumise à l'épreuve d'une éducation forcée, à titre d'expérience, avant acquisition. Comme l'éducation d'épreuve n'avait point paru satisfaisante, toute la graine fut renvoyée à Metz au mois de janvier 1864. C'est donc de la graine qui avait fait deux voyages au cœur de l'hiver, le premier par un temps très-humide et le second par un froid très-intense, que nous avons mise à l'incubation le 6 mai.

L'éclosion s'est manifestée le neuvième jour et a marché très-régulièrement ; l'éducation elle-même, pendant les deux premiers âges, a paru très-satisfaisante ; mais à partir du troisième, nous avons commencé à voir nos larves, jusque-là très-belles, envahies par la pourriture. Faible au début, la mortalité a fini par prendre une intensité telle, que nous n'avons obtenu que cinquante-six cocons dont le premier a été commencé le 10 juillet, cinquante-sept jours après les premières naissances. Le 5 août, vingt-quatre jours après la formation du premier cocon, il nous est sorti un papillon ; les autres ont suivi à des intervalles plus ou moins espacés, et les sexes ont été si singulièrement et si malencontreusement répartis, qu'il n'y a pas eu un seul accouplement. Nous avons ouvert les cocons qui n'avaient point donné de papillons, et nous y avons trouvé les nymphes mortes et mal formées ; de leur côté les papillons sortis nous ont semblé languissants et de piteuse apparence.

Nous restons convaincu que nous avons perdu cette race très-robuste par notre faute, et par suite du manque de précautions suffisantes pendant l'éducation de 1863. Les larves n'avaient pas eu assez d'air ni l'espace convenable pour la quantité qui en avait été élevée ; les cocons et les papillons avaient été gardés sous des cloches afin d'éviter leur éparpillement ; les femelles avaient pondu dans les mêmes conditions, ce qui a dû être certainement une cause d'appauvrissement pour la graine, car les papillons comme leurs chenilles exigent beaucoup d'air ; et la graine enfin avait fait deux voyages, très-probablement en mauvaises conditions.

Si maintenant nous jetons un coup d'œil en arrière sur l'ensemble de nos éducations des vers du mûrier, nous voyons que les graines des différentes races ont été à l'incubation de neuf à vingt-quatre jours avant de donner des naissances ; que les chenilles ont vécu de quarante-cinq à cinquante-sept jours avant de filer leurs cocons ; et que les papillons sont sortis des cocons du quinzième au vingt-septième jour. Dans ces limites extrêmes, la race que nous avons désignée sous le nom de May-Bash a toujours tenu un terme moyen, puisque ses œufs ont commencé à donner des larves après douze jours d'incubation ; que ses chenilles ont vécu cinquante-deux jours avant de filer ; et que les cocons ont donné des papillons le vingt-troisième jour après leur formation. En résumé, cette race *japonaise* nous paraît une précieuse acquisition et nous croyons qu'elle peut avoir un bel avenir si elle est soignée convenablement.

Nous allons exposer maintenant les résultats fournis par les bombyx dont les chenilles exigent une nourriture autre que la feuille du mûrier.

Bombyx Cynthia. — Lorsqu'on a introduit en Europe le ver à soie de l'ailante, ce qui remonte à l'année 1857, cet insecte parcourait toutes les phases de son existence avec une extrême rapidité ; il donnait alors plusieurs éducations dans les douze mois. Les œufs éclosaient dix ou douze jours après la ponte ; trente ou trente-cinq jours ensuite, les chenilles filaient leurs cocons ; et dix-huit jours après, les papillons sortaient de leurs chrysalides. Les accouplements avaient lieu dès que les sexes se trouvaient en présence et les pontes suivaient immédiatement, de sorte qu'en ajoutant trois jours encore à ceux que nous venons d'énumérer, il fallait au maximum soixante-huit jours pour parfaire le cycle entier de la vie du bombyx Cynthia.

On a observé alors un phénomène très-curieux, c'est que sur le nombre total des cocons filés, dans une éducation quelque peu considérable, il en restait environ cinq pour cent dont le papillon ne sortait pas. Ce petit nombre de retardataires n'éclosait qu'au printemps de l'année suivante, et semblait former ainsi une réserve providentielle destinée, en cas de désastre pour une génération entière, à préserver la race d'une destruction totale.

Il y a six ou sept ans les choses marchaient ainsi ; maintenant elles vont d'autre sorte. L'insecte semble s'être moulé sur notre climat ; la vie des nymphes s'est prodigieusement allongée ; la proportion des cocons qui passaient l'hiver s'est notablement accrue ; et c'est dans le courant du mois de juin que les papillons sortent ordinairement des chrysalides. C'est par exception qu'il s'en montre quelques-uns en septembre ou en octobre et cette exception dans la Moselle atteint à peine dix pour cent. La vie de la larve est restée sensiblement de même durée ; mais la vie dans l'œuf s'est augmentée de huit ou dix jours environ.

Le 10 juin 1864, les cocons filés en 1863 nous ont donné leur premier papillon ; les autres sont sortis à peu d'intervalle et les accouplements ont eu lieu sans être surveillés. Le 13 a commencé la première ponte, et le 5 juillet, c'est-à-dire le vingt-troisième jour ensuite, nous avons obtenu les premières naissances. Trente-trois jours plus tard, le 7 août, nous avions un cocon, les autres ont été filés successivement et régulièrement à leur temps.

Les chenilles de l'ailante paraissent assez rustiques et faciles à élever. Nous avons essayé des éducations sur des arbres en plein air, au Jardin botanique, à la porte de France au passage à niveau sur des ailantes plantés par l'administration du chemin de fer, et encore à Pappeville ; mais nous avons perdu de la sorte environ deux cents larves qui sont devenues la proie des oiseaux et peut-être aussi des guêpes.

En somme nous n'avons recueilli que vingt-cinq cocons dont quatorze filés en chambre, dix en plein air au Jardin botanique, et un seul au passage à niveau de la porte de France. Sur ces vingt-cinq cocons un papillon est sorti en septembre, un autre en octobre et vingt-trois ont fait la réserve pour 1865.

Bombyx Cécropia. — Pour le bombyx Cécropia nous n'avons malheureusement qu'un insuccès à constater.

Le 7 juillet, M. Guérin-Méneville nous avait envoyé vingt-cinq œufs de ce superbe papillon ; nous les avons mis de suite en incubation sur du papier entretenu légèrement humide, l'éclosion a commencé le neuvième jour et en a duré six ; elle nous a donné vingt-deux larves dont la dernière est née le 22. Les jeunes chenilles n'ont pas mangé le jour de leur naissance, ni les unes ni les autres ; mais vingt-quatre heures après elles ont commencé à attaquer les feuilles du prunier vulgaire et celles d'un prunier à très-petits fruits de l'Amérique du Nord, le *prunus padus,* que nous leur avions offert en même temps et qui semblait plus particulièrement leur plaire. Le 25, une petite chenille avait fait déjà sa première mue ; le 27, nous en avions dix au deuxième âge, sept n'avaient pas encore mué, et cinq étaient mortes.

Le 29, nous avons placé les dix vers les plus vigoureux sur un *prunus padus* en plein air, et nous les avons enveloppés d'un large manchon en grosse gaze de coton pour les garantir contre les oiseaux ; nous avons gardé les autres larves en chambre en leur donnant autant d'air que possible pour faire une éducation comparative avec celle de plein air.

Au commencement d'août nous avons examiné nos larves à travers le manchon et nous en avons aperçu quelques-unes qui avaient l'air de prospérer ; mais nous avions perdu déjà, à cette époque, cinq de celles qui étaient restées en chambre, et nous avons remarqué que tout ce qui n'avait pas franchi rondement le premier âge, en dix jours au plus, périssait pendant la mue ou très-peu de temps après. Le 25, il est mort dans la chambre une larve qui était arrivée au quatrième âge, et le 27 nous avons vu mourir la dernière.

Au mois de septembre, quelques journées très-froides étant survenues, nous avons craint pour nos chenilles élevées en plein air et nous avons cru prudent de les rentrer. Notre désappointement a été grand lorsqu'en ouvrant le manchon nous n'en avons plus trouvé que trois au lieu de dix que nous y avions mises ; nous avons eu beau chercher, il en manquait toujours sept, et les trois restantes avaient bien triste mine ; elles avaient très-peu grossi et en les réintégrant en chambre il nous restait fort peu d'espoir. Nous avons continué à leur donner du *prunus padus* tout en leur offrant des rameaux du prunier ordinaire, rien n'y a fait, et nous avons eu le regret de les voir périr misérablement l'une après l'autre.

La nourriture que nous leur avons donnée leur a-t-elle été pernicieuse? Nous serions porté à le croire, d'autant que nous avons acquis la certitude qu'à Joinville-le-Pont, dans l'établissement expérimental de M. Guérin-Méneville, l'éducation des Cécropia a réussi et que les chenilles ont filé leurs cocons, ayant été nourries sur le prunier épineux et sur celui qui donne la Reine-Claude. Nous craignons bien que notre système de manchon n'ait pas été heureux, par vice de construction peut-être, et que ces larves y aient souffert de la chaleur ainsi que de l'humidité et très-probablement aussi du manque d'air. Comme nous n'avons trouvé aucun vestige des chenilles qui avaient disparu dans ce malencontreux manchon, nous sommes disposé à croire qu'elles ont été attaquées et dévorées par des insectes carnassiers, soit par des forficules, soit par des fourmis.

Nous n'avons rien de plus à dire sur cette triste tentative, sinon qu'elle a été un véritable échec pour notre amour-propre d'expérimentateur.

Bombyx Yama-Maï. — C'est tout particulièrement sur le bombyx Yama-Maï que nous désirons appeler l'attention de la Société, parce que nous croyons que ce magnifique ver à soie, qu'on a eu tant de peine à importer du Japon en Europe, et qui se nourrit des feuilles de presque toutes les espèces de chênes, est destiné à un brillant avenir. Sa soie fine et nerveuse paraît être préférée au Japon, même à celle du ver du mûrier, et il semble d'ailleurs que son acclimatation et son éducation en Europe ne doivent pas présenter de bien grandes difficultés. Nous avons fait péniblement notre premier apprentissage en 1864 ; 1865 nous a donné de nouveaux enseignements ; nous avons touché de bien près à un superbe résultat, mais il nous a échappé au moment même où nous nous croyions le plus assuré du succès ; on verra plus loin la cause qui nous a valu une rude déception. Notre insuccès ne saurait néanmoins ébranler notre conviction et nous sommes toujours persuadé que l'éducation du ver Yama-Maï se popularisera et deviendra pour la France une précieuse conquête.

Le 14 mars 1864, M. Belhomme recevait de Nîmes vingt-cinq petites chenilles expédiées sur des bourgeons de cognassier, faute de meilleure nourriture. Dans la prévision d'une éducation que nous désirions essayer, et dont l'espoir reposait uniquement sur le don qui m'avait été fait, en janvier, par mon ami M. Guérin-Méneville, de vingt-cinq œufs Yama-Maï, nous avions forcé en serre quelques jeunes sujets de chêne pédonculé et de chêne à gros fruit. Grâce à cette heureuse précaution, nous avions dès-lors des feuilles tendres sur lesquelles M. Belhomme put établir ses pauvres petites larves affamées et affaiblies par un long jeûne, car elles n'avaient pas touché aux bourgeons qu'on leur avait donnés pour la route. Malheureusement elles avaient déjà souffert, aussi eurent-elles de la peine à se rétablir et avant d'arriver à leur première mue les vingt-cinq se trouvaient réduites à douze.

Le 17 mars, je recevais de mon côté, de la Société impériale zoologique d'acclimatation, une boîte contenant cinq cent dix œufs du précieux bombyx ; mais ils ne présentaient malheureusement que de bien faibles chances de réussite. En effet, sur la totalité des œufs, cent dix-sept se trouvaient percés et vides par suite d'éclosions ; deux cent treize étaient profondément ombiliqués et partant stériles ; et cent quatre-vingts semblaient pouvoir encore donner des chenilles. Toutefois, comme au moment de l'ouverture de la boite nous y avons trouvé vingt-deux petites larves vivantes, qui furent immédiatement placées sur un chêne en feuilles, chez M. Gébin, il convient de réduire d'autant le nombre des œufs vides qui ne doit plus être compté que pour quatre-vingt-quinze, tandis que celui des œufs présumés bons doit être porté au contraire à deux cent deux.

Comme le temps était froid et très-aigre et que nous avions encore près de deux mois à attendre pour gagner l'époque où les chênes donnent d'habitude leurs feuilles dans le département de la Moselle, nous prîmes le parti de placer à une température fixe de 5 à 6 degrés centigrades, tous les œufs qui présentaient chance d'éclosion, dans le désir que nous avions d'en reculer l'époque autant que possible. Malgré cette précaution, que nous croyions sage, — il n'en était rien, — les œufs continuaient à éclore successivement, mais ils ne donnaient que des larves chétives. Evidemment elles avaient souffert dans l'œuf, et celles qui n'étaient pas encore sorties y souffraient davantage encore, puisque par une cause quelconque elles avaient été disposées à une éclosion trop hâtive et que nous venions leur imposer à la suite d'un premier travail prématuré, un abaissement de température qui ne pouvait que leur être très-préjudiciable.

Cependant les œufs que M. Guérin m'avait donnés ne bougeaient pas, c'était sur eux que nous fondions notre plus ferme espérance, et nous pensions agir prudemment en continuant de les comprimer par une faible température, pour retarder leur éclosion jusqu'au mois de mai, si nous pouvions y parvenir.

Le 30 mars, nous nous décidâmes à mettre à l'incubation tout ce qui nous restait d'œufs de la Société d'acclimatation présentant chance d'éclosion, parce que nous appréhendions justement de voir toutes nos larves s'échelonner de telle sorte que, dans le cas où elles viendraient à donner des cocons, les papillons en sortissent à des intervalles assez éloignés pour nous mettre dans l'impossibilité de rapprocher les sexes, ce qui eut été la ruine de notre éducation en perspective pour 1865. Le jour même, l'influence de la température fit éclore dix larves, dans l'après-midi ; le lendemain matin il en sortait sept autres, et le premier avril nous avons encore eu deux naissances. A partir de là tout a été terminé et nous n'avons eu en somme que cinquante et une larves sur deux cent deux œufs présumés bons, soit un peu plus de 25 p. %, et seulement 10 p. % sur le nombre total cinq cent dix des œufs reçus.

Le 1er mai, supposant le moment opportun, puisque les chênes de pleine terre ne pouvaient plus nous faire attendre leurs feuilles que quinze à vingt jours au maximum, nous avons mis à l'incubation nos vingt-cinq œufs de réserve. Nous avions d'autant plus d'espoir de les voir réussir que pas un n'avait bougé jusque-là, sous l'influence d'une température qui s'était maintenue constante, sans dépasser 7 degrés centigrades.

Il serait difficile de dire quel fût notre désappointement du résultat de cette malencontreuse expérience. D'abord les œufs restèrent assez longtemps avant d'être impressionnés par la chaleur, et le 8 mai seulement ils commencèrent à nous donner des larves. Nous n'en avons obtenu en tout que onze, et encore ont-elles toutes péri le jour même de leur naissance ou le lendemain. Il est évident pour nous, maintenant, que nous avions comprimé trop longtemps, par l'abaissement de la température, des œufs dont on ne peut pas, sans danger, reculer indéfiniment l'éclosion, et nous avons échoué tout net pour avoir voulu faire trop bien.

Revenons à l'éducation de nos Yama-Maï.

En ajoutant à ce qui nous était éclos à Metz ce qui avait été envoyé, de Nimes, à M. Belhomme, nous avons réuni, non pas ensemble et en même temps, mais à diverses époques, quatre-vingt-sept larves, dont douze seulement sont arrivées à faire leur cocon. Sur les douze, trois provenaient des œufs que je tenais de la Société d'acclimatation, et les neuf autres appartenaient à M. Belhomme. Comme ces dernières avaient une date certaine de naissance qui ne pouvait être postérieure au 12 mars, c'est sur elles que nous avons pu nous guider pour apprécier la durée des phases de la vie de larves des Yama-Maï, à Metz, en 1864.

Les jeunes chenilles ont débuté par languir pendant quelques jours ; puis elles se sont mises à manger ; la température basse du mois de mars ne leur était nullement favorable et leur premier âge s'en est ressenti, car il s'est prolongé jusqu'en avril. Vers le 4, quelques larves ont commencé à s'endormir pour leur première mue et cette crise de leur existence s'est accomplie du 8 au 20 inclus. Le premier âge a donc duré plus d'un mois, vingt-sept jours pour la première qui a changé de peau, et trente-neuf pour la dernière, en moyenne trente-trois jours.

Nous avions appris que les Yama-Maï s'accommodaient parfaitement de recevoir des pluies douces, mais nous ignorions encore qu'ils fussent aussi avides d'eau qu'ils le sont en réalité. Depuis, nous avons pu constater maintefois qu'ils boivent avec plaisir les gouttelettes qui restent sur les feuilles après les arrosages, et à partir du deuxième âge nous avons adopté l'usage des aspersions quotidiennes répétées jusqu'à trois fois.

Il est constant que le premier âge de nos vers a duré fort longtemps, trois fois plus qu'il n'aurait dû dans des conditions normales ! A quoi cela a-t-il tenu ? A une saison trop rigoureuse, peut-être ; peut-être aussi à ce que nous n'avons pas donné d'arrosages dans les commencements ; peut-être enfin à ce que les jeunes chenilles qui avaient souffert avant de sortir de l'œuf ont continué de souffrir quelque temps encore après leur naissance. Le plus probable est que ces trois causes ont contribué, chacune pour sa part, au fâcheux résultat que nous avons constaté.

Le 28 avril, la température étant arrivée à 12 degrés centigrades, une de nos chenilles a changé de peau pour la seconde fois ; les autres ont franchi à peu d'intervalle cette deuxième crise qui a été moins pénible que la première ; le sommeil qui l'a précédée a été moins long, et le deuxième âge a duré en moyenne seize jours.

Le 11 mai, la troisième mue a commencé, elle s'est opérée assez régulièrement et le troisième âge a duré environ quatorze jours.

Le 30, un de nos vers a changé de peau pour la quatrième fois, et cette dernière mue a été achevée le 12 juin, au bout de vingt jours pour le premier de nos Yama-Maï, et d'un mois pour le dernier ; le quatrième âge a été en moyenne de vingt-cinq jours.

Le premier cocon a été commencé le 17 juin, et le douzième le 5 juillet, dix-huit jours en retard sur le premier. Le dernier âge a donc duré dix-sept jours au moins et vingt-trois au plus ; néanmoins, comme il est très-difficile de préciser alors que chaque larve n'a point été élevée et suivie séparément, il est préférable de prendre des moyennes, et nous dirons que le cinquième âge a duré vingt jours.

Le premier cocon ayant été entrepris quatre-vingt-dix-sept jours après la naissance des chenilles et le dernier cent quatorze, nous croyons devoir attribuer l'extrême longueur de ces existences de larves, d'une part à l'état de faiblesse qui a déprimé leur premier âge, en raison de leur éclosion prématurée à une époque où il était bien difficile de les nourrir, ainsi qu'on a vu pour celles envoyées à M. Belhomme ; et de l'autre à la compression intempestive que nous avons fait subir aux œufs pour arrêter et retarder leur éclosion, une fois la graine émue, comme disent les magnaniers. Il est très-possible encore que notre défaut d'expérience, pour une première éducation ait contribué à en prolonger le cours.

Comme nous n'avions qu'un très-petit nombre de cocons, nous avons pris le parti de les numéroter et de noter le jour de leur formation de même que celui de la sortie du papillon. Nous avons affecté à ce dernier le même numéro que celui du cocon d'où il était sorti, et nous avons pu ainsi observer chacun de ces insectes depuis le jour de son éclosion jusqu'à celui de sa mort, sans crainte de nous tromper.

Grâce à cette précaution, nous avons pu constater que les papillons ne restent pas tous un temps égal dans le cocon après que la larve a commencé à s'envelopper. Ainsi nous avons eu une femelle qui est sortie du sien au bout de trente-six jours, et comme terme extrême deux mâles n'ont percé les leurs qu'au bout de quarante-neuf. Entre ces deux limites nous avons vu un mâle et une femelle prendre quarante-un jours ; une femelle en prendre quarante-trois ; deux mâles en exiger quarante-cinq ; une femelle et deux mâles, quarante-six ; et un dernier mâle quarante-huit. Nos douze cocons réunis ont fourni ensemble un total de cinq cent trente-cinq jours, ce qui mettrait, pour notre éducation très-restreinte, la durée moyenne du cocon à quarante-cinq jours à très-peu près. Mais si on compare l'époque de la formation du cocon avec celle de la sortie du papillon et le sexe de ce dernier, on est conduit à soupçonner l'existence d'une loi que nous nous proposons bien de rechercher quand nous aurons la bonne chance de mener à bien une éducation assez nombreuse pour nous permettre de faire sérieusement cette étude. Nous serions donc porté à croire que, dans une éducation qui marche normalement, les premiers cocons filés appartiennent généralement à des mâles ; que les femelles filent les leurs un peu plus tard, et que par compensation elles y restent un peu moins longtemps que les mâles, quatre ou cinq jours environ.

Le tableau suivant rend compte des principaux détails relatifs, soit à nos cocons, soit aux papillons qui en sont sortis.

NUMÉROS d'ordre.	COMMENCÉ le	ÉCLOS le	Au bout de jours	SEXE.	DATE de L'ACCOUPLEMENT.	NOMBRE d'œufs.	DATE de la MORT.
1	17 Juin	2 Août	46	mâle	»	»	8 Août
2	18 —	5 —	48	mâle	»	»	9 —
3	19 —	7 —	49	mâle	»	»	11 —
4	23 —	7 —	45	mâle	»	»	12 —
5	25 —	10 —	46	mâle	11 et 13 Août	»	14 —
6	29 —	17 —	49	mâle	»	»	21 —
7	30 —	10 —	41	femelle	13	162	23 —
8	4 Juillet	19 —	46	femelle	21	120	30 —
9	4 —	16 —	43	femelle	17	137	24 —
10	5 —	9 —	36	femelle	11	209	19 —
11	5 —	15 —	41	mâle	17	»	22 —
12	5 —	19 —	45	mâle	21	»	22 —

Les quatre premiers cocons ont donné des mâles qui sont morts sans avoir pu être accouplés.

Le 9 août, le n° 10 a donné une femelle et le lendemain le n° 5 a donné un mâle. Il avait été impossible d'employer les mâles n°s 3 et 4, parce qu'à la date du 9 ils étaient déjà assez affaiblis pour être incapables de s'accoupler.

Le mâle n° 5 et la femelle n° 10 ont donc été réunis dans une cage à mariage, et dans la nuit du 10 au 11, c'est-à-dire la seconde nuit après l'éclosion de la femelle, M. Belhomme a constaté l'accouplement, *de visu*, entre trois et cinq heures du matin. Le 12, la femelle a commencé sa ponte qui a duré sept jours, et elle est morte le 19, après avoir pondu deux cent neuf œufs.

Le cocon n° 7 a donné aussi à la date du 10 une femelle; nous n'avions pas de mâle disponible, et comme il ne nous en est pas sorti avant le 17, nous avons essayé de lui donner le mâle n° 5, alors réuni à la femelle n° 10. C'est le 12 que nous avons fait ce mariage et l'accouplement a eu lieu dès la nuit suivante. Il n'a pas été vu comme le précédent; mais il est indubitable qu'il a eu lieu, parce que la ponte s'est faite très-normalement à partir du 14 et sans difficulté aucune pour la femelle, qui est morte le 23. Cette femelle n° 7 a pondu cent soixante deux œufs.

Le 15, nous avons eu un mâle du cocon n° 11, et le 16 il est sorti une femelle du n° 9. Ces deux papillons réunis dans la cage à mariage se sont accouplés dans la nuit du 17, et la ponte a commencé le 18. Cette femelle est morte le 24, après avoir donné cent trente-sept œufs.

Enfin le 19, nos deux derniers cocons nous ont donné chacun leur papillon, le n° 8 une femelle et le n° 12 un mâle. Ils se sont accouplés dans la nuit du 20 au 21, la seconde après l'éclosion de la femelle, et cette fois encore, comme la première, l'accouplement a pu être constaté par M. Belhomme. La ponte a commencé le 22, elle a été de cent vingt œufs, et la femelle est morte le 30, onze jours après être sortie de son cocon.

Des observations qui précèdent, nous croyons pouvoir conclure que les femelles ne s'accouplent que pendant la seconde nuit qui vient après leur éclosion ; que la ponte commence ordinairement le deuxième jour après l'accouplement, qu'elle dure environ six jours, et qu'elle donne en moyenne à peu près cent-cinquante œufs. On pourrait peut-être encore en inférer que les mâles sont les plus nombreux puisque nous en avons eu huit contre quatre femelles ; mais en raison même du très-petit nombre de papillons sur lesquels nos investigations ont pu porter c'est un fait qui a besoin d'être vérifié ultérieurement.

Les mâles n'ayant qu'une seule mission, celle de féconder les femelles, vivent naturellement moins longtemps qu'elles. L'existence des premiers varie de trois à sept jours, tandis que celle des femelles est ordinairement de dix et peut même se prolonger davantage.

Quand les sexes sont réunis dans des cages à mariage de petites dimensions, l'accouplement est infaillible ; mais il peut n'avoir pas lieu si les papillons sont abandonnés à eux-mêmes dans une enceinte trop étendue. Il y a plus, si on réunit les papillons de sexes différents par paires, mais en nombre trop grand, dans une cage à mariages trop grande elle-même, il peut arriver qu'une femelle reçoive un mâle qui en aurait déjà fécondé une autre ; ceci est toujours fâcheux, et on verra bientôt combien le double accouplement du mâle doit être rigoureusement proscrit si on veut obtenir de la graine de bonne qualité.

Quant à nous notre conviction est faite sur ce point ; les

accouplements doivent être surveillés avec le plus grand soin, et le moyen le plus efficace pour y arriver est de réunir deux ou trois couples au plus dans chaque cage qui doit être de petite dimension. Le troisième jour, et par excès de prudence le quatrième, on peut supprimer les mâles ; comme alors les femelles seront à coup sûr fécondées, rien ne s'opposera à ce qu'on les fasse passer dans une cage plus vaste où elles pourront terminer leur ponte en parfaite tranquillité. En opérant ainsi toute la graine sera certainement bonne.

Quand tous nos cocons ont eu donné leurs papillons, nous les avons ouverts pour les débarrasser complétement de tous les débris soit de larves soit de nymphes, et nous les avons pesés ensemble. Le poids total s'est trouvé de 3^{g},91, ce qui établissait le poids moyen du cocon à 325 milligrammes, et semblerait exiger pour un kilogramme de soie, environ trois mille soixante-dix-sept cocons, à la condition encore qu'il n'y eut point de déchets et que toute la matière pût être dévidée, ce qui n'est point admissible. Ajoutons toutefois que nos larves, ayant eu une existence assez difficile, il peut très-bien se faire qu'elles n'aient point donné toute la soie qu'elles auraient pu rendre si elles eussent vécu dans de meilleures conditions. Il faudra donc vérifier de nouveau le poids moyen du cocon en opérant sur un plus grand nombre, et après une éducation plus heureusement conduite.

Quand les cocons sont sur le point d'éclore, ils sont quelques jours à l'avance, fréquemment agités de violents soubresauts. Il semblerait que le papillon cherche, par des mouvements brusques, à briser l'enveloppe de la nymphe. Lorsque ce symptôme se manifeste, il est prudent de les surveiller de près, parce que le papillon s'envole aussitôt que ses ailes se sont développées et séchées ; comme il est vigoureux et sauvage, si on l'abandonnait à lui-même dans un local un peu vaste, il deviendrait difficile de s'en emparer sans le blesser, pour le mettre dans une cage à mariage. Il est facile de parer à cet inconvénient soit en laissant les cocons sur les rameaux où ils ont été filés, quand ils sont peu nombreux, soit en en faisant des chapelets quand il y en a trop, et en disposant le tout dans une chambre peu élevée, mais suffisamment aérée. En passant chaque matin l'inspection, on peut de la sorte saisir, encore sur leur cocon, tous les papillons éclos et les mettre, sans la moindre difficulté, par paires dans de petites cages à mariages. Nous insistons sur la nécessité d'avoir les cages de petites dimensions, pourvu qu'elles soient proportionnées à la taille des insectes ; parce que nous croyons que c'est le moyen le plus efficace pour faire réussir les accouplements.

Pendant toute la durée de notre éducation, nous avons acquis la certitude que les vers Yama-Maï s'accommodent également des feuilles de toutes les espèces de chênes, au moins de celles que nous avons pu leur offrir. Ainsi ils ont mangé du *quercus pedunculata*, du *pyramidalis*, de l'*apennina*, du *coccinea*, du *rubra*, du *castaneifolia*, de l'*olivæformis* et du *macrocarpa*. Cette dernière espèce, dont la feuille est tendre, très-grande et assez précoce, est celle qui a paru leur plaire davantage.

Afin de conserver plus longtemps les feuilles saines et fraîches, M. Belhomme a eu l'heureuse pensée de mettre du charbon concassé menu, dans l'eau où plongeaient les rameaux, et d'y ajouter un millième de sulfate de fer. Par ce procédé, les feuilles se conservent aisément huit jours sans aucune apparence de flétrissure ou d'altération, et ce qui est surtout remarquable, c'est qu'après quinze jours et même plus d'usage, l'eau préparée ainsi n'a pas contracté la moindre odeur, tandis qu'on sait parfaitement avec quelle promptitude elle devient fétide, par l'immersion des substances végétales, quand on n'a point pris la précaution d'y mettre en suspension un corps désinfectant comme le charbon. Quand on a sous la main la nourriture en abondance et qu'on peut se la procurer sans fatigue, il est sans doute inutile de recourir au procédé que nous venons d'indiquer ; mais alors il faut de toute nécessité changer tous les jours les rameaux, et surtout l'eau où ils baignent, ce qui est une main-d'œuvre assez fastidieuse si l'éducation est tant soit peu considérable. Quoiqu'il en soit, nous n'hésitons pas à attribuer à l'excellence de la méthode trouvée par M. Belhomme la bonne réussite de nos larves, qui nonobstant les vicissitudes de leur longue et pénible existence, nous ont donné douze cocons, et finalement douze papillons pleins de vigueur et de la plus belle apparence.

On a pu voir précédemment que nos quatre femelles nous avaient donné ensemble six cent vingt-huit œufs. Comme nous avions eu quatre pontes séparées, nous avons séparé aussi les œufs en quatre lots distincts, portant chacun le numéro de la femelle qui les avait pondus. Cette précaution nous a permis de faire une observation dont on va pouvoir juger l'importance.

Après les pontes terminées, tous nos œufs nous semblaient également beaux; tous étaient ronds, bien pleins et pesants. La presque totalité était grise ; mais quelques-uns pourtant se trouvaient du même blanc mat que celui de la coquille des œufs de nos poules indigènes.

Une circonstance particulière au bombyx Yama-Maï c'est que trente jours environ après la ponte, la petite chenille qui doit donner l'éducation de l'année d'ensuite, existe déjà toute formée dans l'œuf où elle reste comme en état d'hibernation jusqu'au printemps suivant ; d'où il résulte que les œufs féconds doivent rester pleins et ronds jusqu'au moment de l'éclosion.

Nos quatre paquets d'œufs, bien étiquetés, furent placés au Jardin botanique, dans la salle où on conserve les graines, parce que cette salle n'est point sujette aux variations de température. Pendant l'hiver elle descend successivement et régulièrement jusqu'à 3 ou 4 degrés au-dessous de zéro, à l'époque des froids les plus intenses; puis elle remonte progressivement et très-lentement jusqu'à 10 degrés, qu'elle n'atteint que lorsque la température extérieure est arrivée depuis quelque temps déjà à 18 ou 20 degrés. Cette pièce, d'ailleurs très-sèche, présente donc les conditions les plus favorables pour conserver en parfait état soit la graine des différentes espèces de bombyx, soit les cocons vivants qu'on peut vouloir expérimenter.

Vers la fin du mois de novembre, nous avons passé une inspection de nos œufs Yama-Maï, et nous avons remarqué avec satisfaction que presque tous étaient pleins et de bonne mine. Quelques-uns cependant s'étaient aplatis et même ombiliqués, de manière à dénoter sans équivoque qu'il n'y avait rien à en attendre. Mais quand nous ouvrîmes le paquet portant le n° 2, nous fûmes frappé de son apparence qui ne nous laissa pas un instant le moindre doute sur sa qualité. Tous les œufs sans exception, étaient profondément ombiliqués. Nous en ouvrîmes quelques-uns des moins aplatis, pour nous assurer du résultat par une expérience directe. Aucun n'avait de chenille, mais ils contenaient tout simplement une goutteletle d'un liquide verdâtre ou bien une substance concrète et amorphe, de même couleur.

Ce paquet n° 2 contenait la ponte de la femelle qui nous était sortie la seconde, et à laquelle nous avions dû, faute de pouvoir faire autrement, donner le mâle qui avait déjà fécondé la première femelle éclose. L'accouplement avait eu lieu puisque la ponte s'était opérée sans difficulté et très-régulièrement ; mais le pauvre mâle, énervé par son premier mariage, s'était trouvé impuissant pour le second. D'où il faut conclure qu'on doit proscrire, de la manière la plus absolue, le double accouplement du mâle. Il serait peut-être à désirer que d'autres observateurs renouvelassent cette expérience ; quant à nous, elle nous a paru assez concluante pour que nous ne cherchions point à la recommencer, au moins jusqu'à ce que cette race précieuse se soit assez répandue pour qu'on puisse en sacrifier des sujets sans souci de les perdre.

Nous avions donc, par le seul fait de cet accouplement malheureux, cent soixante-deux œufs absolument improductifs ; c'était beaucoup, c'était fâcheux pour nous, mais l'enseignement avait sa valeur et le résultat était bon à signaler.

Nous devons encore, aux observations de M. Belhomme, la connaissance d'un fait également curieux. Il a remarqué, à plusieurs reprises, qu'une femelle qui venait de pondre des œufs blancs, recommençait après un temps de repos à en pondre des gris. Il est constant que les femelles pondent leurs œufs par petits paquets, et à des intervalles de temps plus ou moins espacés ; elles les expulsent revêtus d'un liquide qui les enduit et sert très-probablement à deux usages, à les agglutiner d'abord et à les faire adhérer ensemble ainsi qu'aux objets sur lesquels ils sont déposés; et en second lieu, pensons-nous, à les préserver à la façon d'un vernis, pendant l'hibernation de la petite chenille, d'une évaporation qui pourrait lui être nuisible. Or, comme les œufs blancs ne peuvent pas être protégés contre cette fâcheuse évaporation des liquides destinés à entretenir la vie de l'embrion, c'est dans ce fait physiologique qu'il faut chercher sans doute la raison qui les fait considérer, par les Japonais, comme de mauvaise qualité*. Ce liquide ou vernis, qui recouvre les œufs au moment de la ponte, est sécrété, à notre avis, au fur et à mesure du besoin ; quand par hasard il se trouve épuisé lorsque la femelle expulse encore des œufs, les derniers n'en sont pas revêtus et sortent blancs ; mais après un temps suffisant de repos, l'organe sécréteur en a fourni une nouvelle provision, et le nouveau paquet déposé ne présente alors que des œufs gris. Cette observation est importante, car si réellement les œufs blancs sont mauvais, on aurait pu craindre qu'ils fussent le résultat de la ponte d'une femelle malade ou mal constituée, tandis qu'il est certain au contraire qu'il n'en est rien, et qu'une même femelle qui donne des œufs gris d'excellente qualité en pond aussi de blancs, en petit nombre très-heureusement, et dans les conditions particulières que nous venons d'indiquer.

Après ce que nous venons de dire de l'éducation si restreinte que nous avons pu faire de ce superbe bombyx en 1864, il est peut-être à propos d'exposer aussi ce qui nous est advenu en 1865, en répétant nos expériences dans des conditions qui semblaient infiniment meilleures.

Ainsi qu'on l'a vu précédemment, nous avions obtenu de nos quatre femelles six cent vingt-huit œufs qu'une ponte partielle, reconnue entièrement stérile, avait réduits à quatre cent soixante-six. C'est sur ce dernier nombre que nous établirons nos proportions, par la raison que les cent soixante-deux œufs qu'il avait fallu éliminer, dès le mois de novembre, ne pouvaient pas entrer en ligne de compte. Ils avaient d'ailleurs fourni un précieux enseignement en montrant le danger qu'il y a d'accoupler deux fois le même mâle. Un

* Voir le *Bulletin de la Société impériale zoologique d'acclimatation*, année 1864, p. 525.

nouveau triage effectué en temps opportun, vers le mois de février 1865, nous avait fait reconnaître encore des œufs ombiliqués, et finalement nos quatre cent soixante-six œufs se répartissaient de la manière suivante :

Œufs ombiliqués	et conséquemment stériles.	52,	soit 11,158 p. %
Œufs blancs. . .	probablement mauvais suivant les idées japonaises	21,	soit 4,506 p. %
Œufs gris. . . .	ronds et de belle apparence.	393,	soit 84,334 p. %

Ces derniers devaient seuls représenter le produit utile de la ponte des trois femelles bien accouplées, et nous pensons que c'est à cette proportion de 84 pour cent qu'il est raisonnable de s'arrêter pour évaluer le nombre des œufs sur lesquels on peut compter comme devant donner des larves à l'éclosion, quand on a d'ailleurs pris toutes les précautions nécessaires pour assurer la réussite des accouplements.

D'un autre côté, mon savant ami le docteur Sacc, m'avait envoyé de Barcelonne, au mois de juillet 1864, deux cent trente œufs qu'un examen scrupuleux, fait aussi au mois de février, nous avait fait grouper comme suit :

Œufs gris. . . .	ronds et de bonne apparence.	147,	soit 63,913 p. %
Œufs blancs, ronds		9,	soit 3,913 p. %
Œufs ombiliqués, évidemment stériles.		74,	soit 32,173 p. %

Cette proportion considérable des œufs ombiliqués, 32 pour cent, nous fait soupçonner qu'il y a eu à Barcelonne comme à Metz, volontairement ou non, des accouplements d'un même mâle avec deux femelles. Comme il est impossible de distinguer, de suite après la ponte, les œufs féconds de ceux qui sont stériles, et que l'expérience qui nous a éclairé sur une cause radicale de stérilité n'avait pas encore été faite, ou du moins n'avait point été signalée, il est clair pour nous que le docteur Sacc, qui n'avait aucune raison d'être en défiance sur ce point, n'a pas dû choisir les œufs qu'il nous envoyait généreusement, et qu'il les a pris, au contraire, indistinctement parmi ceux qu'il avait récoltés. La cause de l'énorme proportion des œufs ombiliqués dans les pontes faites à Barcelonne, ne peut pas faire l'ombre d'un doute pour nous, et si elle s'est montrée triple de celle que nous avons reconnue à Metz, défalcation faite, bien entendu, de la ponte entière que nous avions trouvée stérile, on doit l'attribuer uniquement à la très-fâcheuse influence des accouplements doubles d'un certain nombre de mâles.

Indépendamment des deux catégories précédentes, nous devions à la bienveillance de la société impériale zoologique d'acclimatation, un lot de cent vingt-et-un œufs tous pleins et de la plus belle apparence, qu'elle avait bien voulu nous confier et qu'elle nous avait expédié à la date du 5 janvier. L'aspect superbe de ce groupe, où il ne se trouvait que quatre œufs blancs et pas un seul ombiliqué, nous a donné à penser, en raison même de l'époque où il était envoyé, qu'il avait été pris dans un ensemble d'œufs choisis avec un soin tout particulier, parmi des pontes faites dans d'excellentes conditions, et dont on avait déjà scrupuleusement éliminé tout ce qui pouvait être d'apparence suspecte. Aussi le nombre total se décomposait-il en deux chiffres magnifiques :

Œufs gris. . . .	bons à mettre à l'incubation.	117,	soit 96,694 p. %
Œufs blancs*		4,	soit 3,305 p. %

* Il est curieux de voir comme la proportion des œufs blancs reste sen-

Enfin, à la date du 25 janvier, nous recevions un second envoi de la Société d'acclimatation qui voulait bien nous confier encore un lot de vingt-huit grammes d'œufs Yama-Maï, de provenance directe du Japon ; avec demande de faire des expériences comparatives sur les œufs de cette origine, en même temps que nous nous occuperions de ceux que nous avions déjà, et qui étaient tous de provenance européenne.

A première vue, cette semence nous parut très-suspecte. Bien que les œufs eussent une belle apparence pour la dimension, la forme et la couleur, il sautait aux yeux que bon nombre avait déjà donné des éclosions, car ils étaient percés, et dans la masse on retrouvait une certaine quantité de petites chenilles desséchées. Je m'empressai de manifester mes appréhensions à la Société d'acclimatation afin de dégager tout d'abord ma responsabilité, et dans une lettre du 26 janvier, écrite sous l'influence de la première impression, je signalais la présence des petites chenilles mortes comme l'indice d'une éclosion prématurée provoquée par les chaleurs auxquelles la graine avait été soumise en voyageant assez longtemps dans la zone équatoriale. Dans une autre lettre du 16 février, j'exprimais encore toute mes inquiétudes à M. le Secrétaire général et je lui annonçais que j'avais ouvert quelques œufs pour m'assurer de l'état des petites chenilles ; que je les avais trouvées formées mais molles et privées de mouvement, ce qui me faisait craindre que le plus grand nombre n'eut été tué dans l'œuf, et qu'en tout cas, celles qui auraient pu échapper à la pernicieuse influence d'une incubation intem-

siblement constante dans les groupes de provenances diverses ; pour les pontes de Metz, nous avons trouvé 4,506 pour cent ; pour celles de Barcelonne 3,913, et pour le lot de la Société d'acclimatation 3,305. Pour la graine du Japon cependant il y a un écart considérable, nous n'avons trouvé que 1,497 pour cent.

pestive, ne vinssent à naître à l'époque de l'éclosion normale avec une constitution tellement appauvrie qu'elles ne pussent fournir une éducation qui marchât jusqu'au bout. Dans cette lettre, je faisais le départ des œufs, évalué approximativement par des pesées, et j'indiquais :

OEufs gris ou blancs et présumés bons. . .	3204
OEufs ombiliqués, ou éclos	1116
Soit en tout.	4320 œufs

que j'avais reçus dans l'envoi du 25 janvier.

Ce nombre trois mille deux cent quatre des œufs présumés bons n'était pas tout à fait exact, car, après l'éclosion terminée, nous avons eu la patience de les compter un par un, et nous avons trouvé qu'il était en réalité de trois mille six cent sept.

Dans cette semence, qui nous était suspecte, nous n'avions pas séparé les œufs blancs pour les expérimenter à part.

En résumé, nous avions à notre disposition, pour nos expériences de 1865, cinq séries réparties de la manière suivante :

OEufs gris pondus à Metz.	593
OEufs gris pondus à Barcelonne.	147
OEufs gris pondus en France (Société d'acclimat^{on})	117
OEufs blancs, provenances diverses mais pondus en Europe	32
OEufs gris et blancs pondus au Japon.	3607
Soit en tout. . . .	4296

à mettre à l'incubation.

Tous ces œufs sont restés dans la salle des graines du Jardin botanique jusqu'au 16 avril, jour où le premier mouvement d'éclosion s'est manifesté.

Ce jour-là, par une température de 10 degrés centigrades, nous avons eu deux naissances spontanées dans la graine de Barcelonne. Sans perdre plus de temps, nous avons mis à l'incubation tous nos œufs, vu que nous avions un certain nombre de petits chênes bien feuillés, qui nous permettaient de pourvoir abondamment aux premiers besoins des jeunes chenilles, et que la saison qui s'annonçait avec une précocité exceptionnelle, nous montrait déjà les bourgeons des chênes de pleine terre gonflés et tout prêts à s'ouvrir pour donner leurs feuilles.

Le 18, nous avons eu quelques éclosions dans le petit lot de la Société d'acclimatation.

Le 19, les œufs blancs ont commencé à donner des larves.

Le 20, la graine du Japon en a donné trois.

Et le 21, les œufs qui avaient été pondus à Metz ont donné leurs premières éclosions.

Dans l'espace de cinq jours, toutes nos graines, de quelque catégorie qu'elles fussent, avaient donné signe de leur vitalité ; mais si toutes s'étaient *émues,* toutes ne marchaient pas de même.

La graine de Barcelonne a éclos en deux temps bien distincts, entre le 16 et le 27 avril. Sur 147 œufs présumés bons, elle n'a donné que 91 éclosions, soit 61,90 pour cent ; et 56 œufs, soit 38,088 pour cent, n'ont rien donné du tout *. Nous avons ouvert quelques-uns de ces derniers et nous y avons trouvé des chenilles mortes et corrompues, et plus rarement une matière concrète verdâtre, comme nous

* Nous croyons devoir attribuer la proportion considérable des œufs frappés de mort dans la graine envoyée de Barcelonne, aux fâcheuses influences exercées sur toute espèce d'œufs par les voyages, ainsi que nous en avons acquis la certitude par des expériences directes.

avions observé dans les œufs stériles de la femelle livrée au deuxième accouplement d'un mâle. L'éclosion de ce groupe a demandé onze jours y compris un ralentissement notable survenu entre le 19 et le 23 avril exclus.

Le petit lot de la Société impériale d'acclimatation a fourni 113 larves sur 117 œufs, soit 96,581 pour cent ; et 4 seulement, soit 3,418 pour cent, n'ont pas éclos. L'évolution de ce groupe s'est effectuée rondement du 18 au 24 avril, l'éclosion a été terminée en six jours.

La graine pondue à Metz a commencé à donner des larves le 21, et le 26 elle ne donnait plus aucune naissance ; l'éclosion a été achevée en cinq jours. Sur 393 œufs il est né 376 petites chenilles, soit 95,67 pour cent ; il ne s'en est trouvé que 17, soit 4,32 pour cent, qui aient été improductifs. Les rapports sont ici à très-peu près les mêmes que pour le groupe précédent.

Les œufs blancs, de provenances diverses, mais néanmoins tous pondus en Europe, ont donné 26 éclosions et 6 œufs stériles. Leur évolution commencée le 18 avril, s'est terminée le 27 ; elle a duré neuf jours pleins, mais il n'y a pas lieu de s'en étonner puisqu'un certain nombre de ces œufs venaient de Barcelonne, et que nous avons vu que les œufs gris de cette origine n'avaient terminé non plus de donner toutes les naissances qu'ils comportaient, qu'à la même date du 27. Les œufs féconds se sont trouvés ici dans la proportion de 81,25 pour cent, et les stériles dans celle de 18,75. Cette grande proportion d'œufs improductifs parmi les blancs, 18 ou 19 pour cent, comparée à celle de 3 ou 4 seulement, qu'on observe parmi les œufs gris lorsque les uns et les autres ont été choisis dans de bonnes conditions de forme, semble déjà légitimer suffisamment l'opinion des Japonais qui dédaignent les œufs blancs comme de qualité très-inférieure.

Quant aux 3607 œufs qui provenaient du Japon, voici comment nous les avons trouvés répartis après l'incubation terminée :

Œufs ayant donné des larves. . . .	2384,	soit	66,093 p. %
Œufs percés sans que la chenille ait pu se dégager.	409,	soit	11,339 p. %
Œufs stériles.	796,	soit	22,068 p. %
Œufs percés de petits trous comme s'ils eussent été perforés par des parasites	18,	soit	0,499 p. %
En tout.	3607		

L'éclosion de ces œufs a commencé le 20 avril, et les dernières chenilles ne sont sorties que le 25 mai, trente-cinq jours après les premières. Le fort de l'éclosion n'a commencé réellement que le 4 mai, après avoir langui pendant quatorze jours ; elle a duré avec intensité jusqu'au 13 mai compris, c'est-à-dire dix jours, après quoi elle a langui de nouveau pendant douze jours encore avant d'être tout à fait terminée. Evidemment ce n'était pas là une éclosion normale! Le principe de la vie avait été profondément atteint chez les petites chenilles, pendant leur long voyage à travers les régions tropicales, et la température qu'elles avaient dû subir ensuite en France, jusqu'au moment de leur éclosion, n'était pas faite pour les remettre. Cette misérable éclosion, qui a duré trente-six jours au lieu de cinq ou six qu'elle eut pris, si la graine n'avait pas été altérée, justifiait de reste les appréhensions que nous avions exprimées en recevant l'envoi du 25 janvier.

En résumé, l'incubation des œufs pondus en Europe et que nous avions choisis comme bons, nous a donné des larves dans la proportion de 87,953 pour cent; mais il est bien probable que cette proportion aurait été de 95 ou même de 96, si le voyage de Barcelonne à Metz ne l'avait singulièrement diminuée pour la graine envoyée par M. Sacc, et si d'autre part nous n'avions pas fait entrer dans notre calcul la série des œufs blancs qui est venue y introduire une seconde cause de dépression pour le nombre total des naissances. En regard de ce chiffre, 88 pour cent, que nous croyons un peu faible par les raisons que nous venons d'indiquer, la graine provenant directement du Japon nous en a donné un bien plus faible encore pour la proportion de ses naissances, 66 seulement, mais qui tient sans doute, ainsi que nous l'avons dit, aux conditions très-fâcheuses qui lui avaient été faites par son voyage du Japon en Europe.

Dès le 22 avril, nous avons reconnu la nécessité de tenir à l'ombre les petits chênes qui portaient nos jeunes Yama-Maï, par la raison que les chenilles étaient tourmentées et se tordaient convulsivement chaque fois qu'elles recevaient directement l'impression des rayons solaires. Le 25, neuf jours après les premières éclosions que nous avions constatées dans la graine de Barcelonne, deux larves de cette catégorie accomplissaient leur première mue. Les autres ont suivi très-régulièrement, et nous pouvons dire, en thèse générale, que pour les vers provenant de graine faite en Europe, le premier âge n'a pas dépassé douze jours.

Le 2 mai, trois ou quatre vers du lot du docteur Sacc avaient terminé leur deuxième mue ; ils étaient donc arrivés en seize jours, tout au plus, à leur troisième âge *. Ces crises

* Il est impossible de se tromper sur l'âge des vers Yama-Maï. Avant la première mue, les petites chenilles sont bariolées de noir et de jaune, et leur tête est noire. Au deuxième âge, elles deviennent vertes avec la tête rouge ; chaque anneau porte six tubercules garnis à leur sommet de longs poils minces ; le premier segment, qui ressemble à une collerette, n'en a que quatre, mais il est orné de deux taches noires rectangulaires disposées sur

de la vie de nos larves s'opéraient avec facilité; et l'éducation des chenilles européennes, si on veut nous passer cette expression, marchait véritablement à souhait.

Grande mortalité du premier âge. — A cette époque du 2 mai, nous avons réparti nos larves européennes par petits groupes séparés, afin de leur donner plus d'espace et plus d'air. Cette opération nous a révélé des pertes très-sensibles dont nous n'avions pas eu connaissance jusque-là, et nous avons été amené à conclure que la mortalité du premier âge est assez considérable et qu'il

son bord antérieur où elles forment comme la base des tubercules intermédiaires ; le dernier segment est marqué de trois petits points noirs dont celui du milieu est entouré d'un limbe bleu turquoise. On reconnaît aisément le troisième âge aux caractères suivants ; le dessous de la chenille est devenu d'un vert beaucoup plus intense que le dessus ; les poils des tubercules se sont beaucoup allongés ; les pattes écailleuses de noires qu'elles étaient, sont devenues rouges comme la tête ; le premier segment a perdu ses taches noires et les trois points du dernier ont été remplacés par deux taches grenat en triangle, qui s'épanouissent comme une écharpe de chaque côté de la pince formée par les deux dernières fausses pattes. Au quatrième âge, la tête devient verte ; les tubercules qui longent les stigmates se sont beaucoup atténués, leur cone est à peine saillant et il offre souvent, mais pas toujours ni sur tous, une riche teinte métallique de la couleur de l'or blanc. Cette rangée de tubercules est réunie par une ligne blanche étroite qui va se bifurquer, en l'accompagnant en dessous, sur l'écharpe du dernier segment; les poils des deux rangées de tubercules dorsaux sont devenus très-raides, plus courts et infléchis en avant; le dessous du corps à partir des stigmates, et tout particulièrement les fausses pattes, sont d'un beau vert émeraude intense ; le dessus est d'un vert beaucoup plus tendre. Enfin, au cinquième âge, la chenille est sensiblement comme au quatrième ; mais ses dimensions beaucoup plus fortes ne permettent plus de se tromper, car elle atteint alors jusqu'à douze centimètres de longueur, indépendamment de ce que la ligne qui réunissait les stigmates s'accuse plus nettement encore, en se bordant en dessous, d'un mince liseré grenat d'un effet très-élégant. Lorsque la chenille arrive au moment de filer, la teinte de sa partie supérieure pâlit beaucoup et devient en quelque sorte transparente.

est difficile de la constater jour par jour, à moins d'y apporter un soin tout particulier.

Sur les 91 larves que nous avait données la graine de Barcelonne, il n'en restait plus que 56 ; des 113 naissances du lot de la Société d'acclimatation, nous étions réduit à 53 vers; nous n'en avions plus que 250 environ sur les 376 qui étaient sortis de la graine faite à Metz ; et enfin, des 26 chenilles que nous avions obtenues des œufs blancs, il ne s'en trouvait plus que 16. Nous restions donc avec 375 larves vivantes, sur 689 que nous avaient données les œufs pondus en Europe; et par conséquent nous avions perdu 45,574 pour cent de nos chenilles écloses.

Au 30 mai, nous étions toujours dans les mêmes conditions de nombre pour les vers des quatre catégories que nous venons de signaler ; presque tous étaient arrivés à leur quatrième mue, ou ils étaient sur le point de la faire; et ceux du cinquième âge avaient atteint des proportions sensiblement plus fortes que celles que nous avions reconnues en 1864.

Les larves sorties des œufs blancs, petites et chétives. — Les chenilles sorties des œufs blancs avaient débuté par être petites et chétives, et pendant les deux premiers âges il nous en était mort ou disparu dix sur vingt-six, soit 38,462 pour cent. Au troisième âge, bien qu'elles fussent encore visiblement moins robustes que celles issues des œufs gris, elles semblaient profiter mieux, et leur constitution tendait évidemment à se refaire. Après la troisième mue elles avaient presque rattrappé les autres, et pour celles qui ont atteint le cinquième âge, trois ou quatre jours après y être arrivées, elles ne laissaient plus rien à désirer. On peut donc admettre que si les Japonais tiennent les œufs blancs en très-médiocre estime, c'est qu'ils donnent moins d'éclosions que les gris, d'abord ; et qu'ensuite les larves qui en proviennent fournissent encore un excédant de mortalité qu'on peut évaluer à 5 pour cent *, pendant les deux premiers âges. Cette augmentation de stérilité pour les œufs et de mortalité pour les petites chenilles tient, suivant nous, à la cause que nous avons signalée, au défaut du vernis qui n'a point lubréfié les œufs au moment de la ponte. Toutefois il nous paraît certain que lorsque les petites chenilles ont pu surmonter les misères des deux premiers âges, qu'elles ont été bien soignées et qu'elles ont eu une alimentation convenable, elles se fortifient rapidement, et qu'au quatrième âge, mais surtout au cinquième, il est absolument impossible d'en faire aucune différence avec celles qui sont nées des œufs gris les plus beaux.

Malgré que nous eussions eu dès le début de notre éducation un déchet de près de 46 pour cent, dans nos Yama-Maï d'origine européenne, nous pouvions néanmoins nous promettre un succès raisonnable, et à moins d'une fatalité qui n'était point à prévoir, nous devions compter, pour la seconde moitié de juin, sur quelque chose comme trois cents cocons provenant de la graine faite à Barcelonne ou en France.

Education des Yama-Maï nés de la graine du Japon. — Nous avons dit que les œufs de provenance directe du Japon avaient donné des éclosions espacées entre le 20 avril et le 25 mai inclus, c'est-à-dire pendant une période de trente-six jours. Cette distance entre les naissances était fâcheuse, parce qu'elle ne permettait pas d'observer régulièrement la marche progressive de l'éducation. Nonobstant la difficulté que nous avions pour contrôler la durée des âges chez

* Pour les œufs gris pondus à Metz, le déchet des jeunes larves, pendant les deux premiers âges, s'est trouvé de 33,511 pour cent, tandis qu'il a été, pour les chenilles des œufs blancs, de 38,462 pour cent.

les chenilles de cette catégorie, nous avons pu constater cependant que les vers de cette nombreuse série étaient petits et chétifs au deuxième âge, et d'un tempérament relativement très-faible, car ils avaient peine à se tenir sur les rameaux, et chaque matin nous en trouvions à terre un nombre considérable qu'il fallait replacer sur les feuilles.

De même que pour les autres catégories, le premier âge a fourni, dans celle-ci, une mortalité considérable, dont il nous a été plus facile de nous rendre compte, en raison même de la grande quantité de petits cadavres qui jonchaient chaque jour la table qui supportait toute l'éducation. La première mue s'est accomplie, cependant, mieux que nous ne nous y étions attendu.

Le 30 mai nous avions quelques vers qui dormaient du troisième sommeil; mais aussi nous en avions plusieurs qui n'étaient encore qu'à leur premier âge. Nous constations aussi qu'un certain nombre ne pouvaient pas faire leur deuxième mue, et à la date du 28 nous en avions vu un mourir dans cette crise.

Le 2 juin, nous remarquions avec une certaine inquiétude que les larves du quatrième âge, — il y en avait déjà passablement, — restaient petites, et ne présentaient pas à beaucoup près le développement qu'avaient atteint, après leur troisième mue, celles qui étaient sorties de la graine faite en Europe. Evidemment les chenilles japonaises étaient, par rapport aux autres, dans un état d'infériorité manifeste, et déjà nous pouvions observer chez elles une teinte d'un vert jaune qui contrastait, d'une manière fâcheuse, avec la nuance franche des vers européens. Ce même jour nous avons eu deux chenilles du deuxième âge qui sont mortes de dyssenterie.

Invasion de la maladie chez les Yama-Maï japonais. — C'est donc le 2 juin que la mortalité a commencé à se montrer dans cette éducation, avec des symptômes inquiétants. Le lendemain le mal s'étendait et frappait les sujets du deuxième et surtout du troisième âge ; ils laissaient écouler par l'anus un liquide noirâtre, et peu de temps après ils mouraient. Toute larve dont les excréments se ramollissaient, était une larve perdue ; nous en avons acquis la certitude, les jours suivants.

Le 4, plusieurs chenilles mouraient dans la deuxième mue sans pouvoir se dégager de leur tunique ; elles n'avaient pas la force de changer de peau, et la vieille ne se déchirait même pas ! Le 6, en examinant de près une larve qui paraissait malade, nous avons reconnu qu'elle avait une large tache fuligineuse de chaque côté de son premier segment, et qu'il y en avait une troisième toute semblable sur l'un des tubercules latéraux de l'avant-dernier anneau ; de plus le troisième segment se trouvait envahi par une grosse goutte d'un liquide louche légèrement teinté de vert. Supposant que la chenille avait été mouillée ainsi par un arrosage trop abondant, nous avons fait disparaître cette large goutte; mais nous avons vu alors qu'elle se reformait presqu'instantanément et avec plus d'abondance encore ; il semblait, à vrai dire, que le ver fut hydropique et que l'eau s'échappât a travers sa peau comme au travers d'un crible*.

Ce jour-là même (6 juin), la mortalité a pris des proportions réellement effrayantes. Presque toutes les chenilles avaient une teinte jaune de vilaine apparence, quelques-unes avaient néanmoins une nuance blafarde et de singulier aspect, comme si elles eussent été de suif ; ces dernières se

* Ce symptôme est bien le même que celui décrit par M. Guérin-Méneville dans la *Revue de sériciculture comparée*, année 1864, n° 12, pages 332-333.

flétrissaient et s'amoindrissaient avant de mourir, pendant que les autres semblaient au contraire comme gonflées d'eau et mouraient en se vidant à travers la peau ; si, par hasard, elles tombaient n'ayant plus la force de se tenir, elles se crevaient comme des outres trop pleines, et s'aplatissaient instantanément en perdant l'eau qui les boursouflait.

L'immobilité et le manque d'appétit nous ont semblé les symptômes caractéristiques de l'invasion du mal ; dès qu'ils s'étaient manifestés, la larve prenait la teinte jaune ou bien l'aspect terne du suif, ensuite de quoi venaient les taches fuligineuses avec ou sans dyssenterie. Les vers qui présentaient ce dernier caractère étaient fréquemment agités dans tout le corps de tressaillements convulsifs comme s'ils eussent été en proie à de violentes douleurs. A partir du 7 juin, c'est par centaines que nous avons compté les décès quotidiens, et le dernier ver de cette race infectée est mort le 25, un mois juste après la dernière éclosion. Deux ou trois larves seulement sont arrivées au cinquième âge ; et le plus grand nombre a péri entre la deuxième et la quatrième mue.

La maladie devient contagieuse, elle envahit les chenilles européennes, jusque-là bien portantes. — Si encore notre disgrâce se fut bornée à la perte absolue de l'éducation des chenilles japonaises ! mais non, il a fallu que notre désastre fût complet, et le 5 juin nous avons constaté deux ou trois décès chez nos magnifiques larves issues de la graine pondue en Europe. Nous avons cru d'abord à quelques-unes de ces morts qui se produisent presque toujours dans les éducations même les mieux réussies ; mais le 7 et le 8, les mêmes faits se reproduisirent avec une intensité plus grande ; plusieurs vers restaient immobiles et ne mangeaient plus ; ils avaient pris à leur tour cette funeste teinte jaune qui s'était montrée chez les vers japonais. Il n'y avait plus à nous faire illusion, le mal se révélait dans toute sa gravité, et nous ne pouvions plus méconnaitre l'influence de la contagion.

Le 9 juin, nous avons procédé à un départ des vers que nous pouvions considérer comme n'ayant pas encore été atteints par la maladie, et nous avons séparé

120 larves provenant des œufs pondus à Metz;
48 — de ceux pondus à Barcelonne;
34 — de ceux envoyés par la Société d'acclimatation (le 5 janvier);
5 — des œufs blancs.

207 en tout.

Malheureusement c'était trop tard!... le mal n'était plus réparable; et nos Yama-Maï, dont nous étions fier peu de jours auparavant, étaient tous empoisonnés! Vainement nous avons pris le parti de les isoler complétement de cette funeste éducation qui nous avait amené la contagion : il n'était plus temps... Nous avons compris alors, mais sans qu'il nous fut possible d'y obvier dorénavant, la faute immense que nous avions commise en ne séquestrant pas, dès le principe, dans un local tout à fait à part, l'éducation de cette graine qui nous avait paru suspecte. Nous avions cru, à la vérité, qu'elle ne nous donnerait rien, ou du moins fort peu de chose; mais nous n'avions nullement songé qu'elle dût nous amener une redoutable contagion.

Nos beaux vers, qui n'avaient pas fait encore leur quatrième mue ont été atteints bien plutôt que ceux qui étaient parvenus au cinquième âge; ils prenaient la même teinte jaune que les vers japonais; quelques-uns aussi présentaient cette vilaine apparence de suif dont nous avons parlé. Ceux qui présentaient ce caractère cessaient de manger, puis ils se flétrissaient et mouraient comme ceux du Japon, avec ou sans dyssenterie ; sur quelques-uns on voyait aussi une large tache fuligineuse de chaque côté du premier anneau, et, dans ce cas, il s'en montrait toujours de semblables sur les derniers segments. La dyssenterie se déclarait plus particulièrement chez les vers qui étaient tachés ; ceux qui étaient devenus jaunes mouraient au contraire tout gonflés de liquide.

Quant à nos larves du cinquième âge, qui étaient parvenues à un superbe développement, et que nous comptions bien voir faire leur cocon vers le 15 ou le 20 juin, les symptômes qu'elles ont présentés en devenant malades étaient tout autres. Leur coloration en effet n'a pas changé, mais elle a pâli sensiblement comme il arrive quand les vers vont coconner; puis nous avons vu apparaître sur la peau quelques petits points roux à peine visibles, rares d'abord, deux ou trois, mais qui se multipliaient bientôt et finissaient par envahir tout le corps ainsi qu'une poussière qu'on aurait soufflée sur l'insecte. Les chenilles mangeaient bien encore, elles présentaient même toute l'apparence de la vigueur ; mais c'en était fait ! Les points grossissaient peu à peu, puis ils se réunissaient plusieurs ensemble pour former de larges macules qui devenaient noires avec une apparence veloutée. Quand la maladie en était venue à ce point, la chenille cessait de manger, et, deux ou trois jours ensuite, elle était devenue toute noire et mourait en putréfaction.

Nous avons essayé de mettre quelques-unes de ces larves mouchetées, sur de jeunes chênes en plein air ; voici ce qui arrivait alors : dès qu'un ver maculé était placé dans de semblables conditions, du jour au lendemain toutes les taches s'étaient réunies pour n'en plus former qu'une énorme, il devenait tout noir et mourait promptement. Il semblait que la sécheresse de l'atmosphère ne fit qu'exaspérer encore l'énergie du mal, et ces pauvres chenilles avançaient ainsi, dans l'espace d'une seule nuit, de trois ou quatre jours sur celles qui étaient restées dans la chambre et soumises au régime des arrosages.

Nous venons de décrire, comme nous les avons vus, les symptômes divers de la maladie qui a tué nos Yama-Maï, en tenant compte de l'âge auquel ils étaient arrivés ; nous voulons à ce propos émettre une opinion, que notre insuffisance ne nous a pas permis de contrôler par des observations anatomiques, et qui reste par conséquent une simple hypothèse que nous ne pouvons produire que sous toute réserve. Nous supposons que les chenilles qui avaient fait leur quatrième mue ont trouvé dans la vigueur que leur donnait leur âge, une résistance plus grande à opposer au principe morbide qui les attaquait, et qu'elles ont offert moins de prise à la contagion dont l'influence s'est bornée alors à empêcher la localisation de la substance qui fournit la soie. Si cette substance, au lieu de se fixer dans les réservoirs qui devaient la chasser par les filières de l'insecte, quand le moment serait venu pour lui de s'enfermer dans un cocon, s'est répandu au contraire dans tout le système de la circulation, il est impossible qu'il n'en soit pas résulté dans toute sa constitution les désordres les plus graves. Dans cette hypothèse il a dû arriver à nos Yama-Maï quelque chose d'analogue à ce qui se passe chez les animaux d'un ordre plus élevé quand la bile, par exemple, ou tout autre liquide spécial s'épanche dans la masse du sang. De même que ces épanchements anormaux se traduisent extérieurement soit par une teinte particulière et générale du sujet malade, soit par des affections cutanées ou par tout autre symptôme plus ou moins alarmant, de même la matière qui devait donner la soie étant venue à se répandre dans le sang des Yama-Maï, au cinquième âge, a été la cause de l'apparition des petites taches rousses qui ont envahi tous les téguments de nos beaux vers. La preuve en est, pour nous, que pas une de nos chenilles, même les plus vigoureuses et parvenues au point où elles expulsent les liquides dont elles doivent se débarrasser avant de faire leur cocon, ne s'est vidée ; et que pas une n'a essayé de filer et n'a perdu le moindre brin de soie. Au contraire, elles ont végété et langui en mangeant encore quelque peu, mais à peine, bien au delà du terme qu'aurait dû atteindre le cinquième âge le plus prolongé. Leurs matières fécales se sont montrées alors d'une nature toute particulière, au lieu d'être d'un vert noir foncé, comme lorsque les fonctions vitales s'accomplissent régulièrement, elles étaient devenues d'un vert gris et pâle, dénotant une substance végétale qui n'avait pas subi d'assimilation et semblable à une pâte de feuilles hachées, desséchée et comprimée, qu'on aurait étirée à la filière.

C'est le 7 juillet, qu'est mort le dernier de nos Yama-Maï, trente-cinq jours au moins après avoir fait sa quatrième mue. Depuis quelque temps il ne mangeait presque plus ; il se réduisait sensiblement dans toutes ses dimensions, et s'amoindrissait à vue d'œil.

On a donné à cette maladie des Yama-Maï, le nom de gattine ou de pébrine; nous ne saurions partager cette manière de voir, par la raison que les points roux, d'abord, puis les taches qui ont recouvert nos larves ne faisaient ni saillie ni dépression sur la peau qui s'est colorée, mais qui n'a jamais été entamée, au lieu que les taches qui se manifestent chez les vers du mûrier atteints de la gattine, se montrent toujours avec une dépression comme s'il y avait un petit trou dans la peau de l'insecte. Les vers gattinés du mûrier filent quelquefois leur cocon, et pas un de nos Yama-Maï n'a pu filer. Enfin, nous avons vu la gattine au quatrième âge des vers du mûrier, avant que la soie puisse s'élaborer chez l'insecte ; mais les petits points roux des Yama Maï n'ont jamais fait apparition que sur les larves du cinquième âge, quand la soie aurait dû commencer à être sécrétée. Chez les Yama-Maï du troisième et du quatrième âge nous avons vu des taches, c'est vrai, mais quelle différence avec les petits points roux ! Elles étaient larges et d'une teinte tout autre, d'abord, ensuite il n'y en avait ordinairement que deux, quelquefois même une seule sur le premier anneau, il s'en montrait une ou deux aussi sur les deux derniers segments, mais jamais un ver avant sa quatrième mue n'a montré les petits points ronds et roux que nous n'avons observés que sur les chenilles qui étaient arrivées au moment de filer.

La ruine des espérances que nous avions fondées sur notre éducation de 1865 une fois consommée, nous avons pensé que ce que nous avions de mieux à faire était d'y chercher un enseignement pour tâcher d'être plus adroit en 1866, dans le cas où nous pourrions nous procurer de la graine de cette race précieuse. Nous avons cru surtout que nous devions exposer en toute sincérité notre insuccès, persuadé qu'il ne saurait y avoir de honte à confesser un échec, et que le progrès ne se fait que par l'examen réfléchi des réussites des uns et des revers des autres, à la condition cependant que toutes les circonstances en seront signalées avec une entière bonne foi. Donc, notre désastre étant accompli, nous avons scrupuleusement étudié toutes les causes auxquelles nous pensions pouvoir le rattacher de près ou de loin. Nous avons craint tout d'abord que les arrosages que nous avions donnés journellement à nos vers, n'eussent été trop fréquents. La teinte jaune qui les avait envahis de même que les suintements excessifs qui précédaient souvent la mort, nous avaient suggéré cette idée, et le 8 juin nous écrivions en ce sens à la Société impériale d'acclimatation, en signalant comme la cause présumable du mal qui ravageait notre éducation, l'abus des arrosages; telle était du moins l'impression sous laquelle nous nous trouvions en ce moment. Par une singulière coïncidence, le docteur Sace nous écrivait le 7 juin, de Barcelonne, juste au moment où la maladie sévissait avec rage sur nos vers du Japon : « A la suite des chaleurs *humides* du commencement de mai, tous mes vers Yama-Maï ont *jauni* et *pourri* avec une telle rapidité qu'en moins d'une semaine j'avais perdu mes quatre cents chenilles, dont la plupart étaient cependant bien arrivées à leur quatrième mue! » A Barcelonne comme à Metz les symptômes du mal étaient exactement les mêmes ; c'était une sorte de *jaunisse* et de *pourriture* dont la mort était la conséquence forcée. Le sentiment d'un naturaliste aussi savant et aussi parfait observateur que le docteur Sace, ne pouvait que nous confirmer davantage dans l'opinion que nous nous étions faite qu'un excès *d'humidité* avait dû rendre nos Yama-Maï malades. Cependant après y avoir mûrement réfléchi, et nonobstant la pensée exprimée par mon bon ami le docteur, cinq jours après notre première lettre à la Société zoologique de Paris, nous en écrivions une autre à M. le Secrétaire général dans laquelle nous revenions complétement sur la manière de voir que nous avions formulée le 8, et où nous attribuions exclusivement la cause de notre catastrophe à la mauvaise qualité de la graine du Japon.

Cette graine avait été altérée par deux causes différentes et totalement opposées ; la première tenait à la chaleur trop forte à laquelle elle avait été soumise, *hors de saison*, pendant son voyage, chaleur qui avait provoqué l'éclosion prématurée d'un grand nombre de petites chenilles et qui avait nécessairement disposé à éclore celles qui étaient pourtant restées dans les œufs. La seconde, non moins pernicieuse, tenait à la compression subite que les petites chenilles, sur le point d'éclore, avaient rencontré à leur arrivée en France, au cœur d'un hiver qui sans être exceptionnellement dur, s'était prolongé jusqu'au 31 mars. Ainsi ces pauvres petites larves qui se trouvent toutes formées dans l'œuf, une trentaine de jours après la ponte, avaient été, d'une part, stimulées par une température tropicale, quatre mois trop tôt pour le moins, et de l'autre elles avaient brusquement passé de cette chaleur excessive à trois mois de froidure bien faits pour les tuer, il faut en convenir. Quoi d'étrange, après cela que cette graine ait fourni des larves chétives !.... Une chose seulement a le droit de surprendre, c'est qu'elle ait pu donner des éclosions. Quant aux vers qui en sont sortis, qu'ils aient été malades, qu'ils soient morts tous, jusqu'au dernier, raisonnablement il fallait s'y attendre. Le malheur est que la maladie s'étant développée chez un très-grand nombre de sujets à la fois, il en est résulté un véritable foyer d'infection dont le funeste rayonnement s'est étendu jusque sur nos vers d'origine européenne.

Nos Yama-Maï européens se sont admirablement comportés et ont parfaitement traversé toutes les phases de leur vie de larves, tant qu'ils n'ont pas été sous la pernicieuse influence de l'atmosphère empoisonnée de ceux qui étaient sortis de la graine du Japon ; ils sont arrivés sains et robustes à leur troisième et à leur quatrième mue ; ils ont acquis un magnifique développement. Les Yama-Maï japonais, au contraire, ont été chétifs depuis leur naissance jusqu'à leur mort ; après la première mue et sourtout après la seconde, la maladie s'est déclarée chez eux avec une intensité formidable ; trois ou quatre seulement sont parvenus au cinquième âge, et tous les autres ont péri avant d'avoir atteint cette période de leur existence. Enfin nos vers de graine faite en Europe, étaient parvenus à leur quatrième âge et même au cinquième sans qu'il se fût révélé chez eux la moindre trace de maladie, et ils n'ont commencé à en présenter des symptômes que trois ou quatre jours après que l'infection avait atteint son plus haut degré de violence chez les vers de la graine japonaise. Les Yama-Maï d'Europe ont donc été empoisonnés par une véritable contagion, et le foyer de cette contagion s'est développé chez les Yama-Maï du Japon qui se sont trouvés malades tous à la fois, car ils étaient déjà malades avant d'éclore.

On sera peut-être tenté de prendre tout ceci pour une théorie faite à plaisir, en vue de déguiser ou tout au moins d'atténuer un insuccès ; pourtant, si on veut bien tenir compte des faits que nous allons rapporter, peut être sera-t-on amené à reconnaître que cette théorie n'est pas aussi dénuée de fondement qu'on pourrait croire.

Or, voici ces faits qui ont pour nous une importance capitale.

M. Collignon, qui se livre à Queuleu près Metz, à l'étude de quelques questions de sériciculture, a reçu le 20 janvier 1865, de M. Guérin-Méneville un vingtaine d'œufs de bombyx Yama-Maï. Nous ne croyons pas être dans l'erreur en affirmant que ces œufs avaient été pondus en Europe. Leur éclosion s'est effectuée en cinq jours et elle était terminée le 25 avril. Ainsi qu'il arrive d'ordinaire, il n'ont pas tous éclos et quelques larves aussi ont disparu dans le premier âge ; mais ce qui est incontestable c'est que des vingt œufs il est resté douze chenilles qui sont devenues très-belles et qui ont donné douze beaux cocons, dont le dernier a été filé le 25 juin, deux mois juste après la dernière naissance. Il y a eu six jours d'intervalle entre le premier cocon et le douzième, ce qui les a placés dans des conditions tout à fait favorables pour que les papillons sortant ensemble à très-peu près, les accouplements dussent se faire dans d'excellentes conditions.

Cette éducation a comporté soixante et un jours depuis la naissance jusqu'au cocon et elle a marché constamment avec une régularité parfaite. M. Collignon a multiplié les arrosages pour ses Yama-Maï, et en a porté le nombre à cinq et même jusqu'à six par jour, indépendamment de quoi il a observé que ses vers les plus vigoureux descendaient, de temps à autre, jusqu'au col du vase où plongeaient les rameaux, afin de s'abreuver encore sur le coton humide qui leur servait d'obstacle pour les empêcher de se noyer. Cette remarquable réussite à un kilomètre de Metz, a pour nous une extrême importance, en ce qu'elle confirme pleinement les idées auxquelles nous nous étions arrêté, même avant de savoir que M. Collignon eût des Yama-Maï. Elle prouve que la cause qui a fait périr tous les nôtres ne peut être cherchée dans une influence atmosphérique, mais bien dans la constitution de la graine du Japon qui n'a pu donner que des larves malades par les raisons que nous avons indiquées ; et elle prouve en outre que les Yama-Maï sont avides d'eau, et que les arrosages fréquents leur sont favorables bien plutôt que nuisibles.

Nous venons de signaler une éducation faite avec de la graine de bonne qualité et réussie à petite distance de la nôtre, qui a été si malheureuse ; nous pouvons nous donner la satisfaction d'en signaler une seconde, et certes nous n'y manquerons pas.

Disons d'abord que l'insuccès du docteur Sace à Barcelonne, n'a tenu qu'à ce qu'il a opéré, lui aussi, sur de la graine malade venant du Japon. Il avait, avec sa générosité habituelle, distribué toute celle que ses Yama-Maï lui avaient donnée en 1864, comptant du reste sur la réussite de la funeste semence du Japon qu'il tenait ainsi que nous de la Société impériale d'acclimatation. Nous avons dit déjà quel a été le résultat de son éducation de 1865 ; quatre cents larves sont mortes chez lui en moins d'une semaine ! Malheureux comme nous, il attribuait son désastre « *aux chaleurs humides* des premiers jours du mois de mai. » Pourtant lorsqu'il eut été mis en défiance par les lettres où je lui signalais la violente contagion qui s'était développée à Metz et qui avait fini par envahir toutes nos belles chenilles d'origine européenne, il s'est enquis à son tour de ce qu'avait pu devenir la bonne graine dont il s'était défait, et voici textuellement ce qu'il nous écrivait le 12 juillet dernier :

« La maladie que vous décrivez si nettement est bien celle qui a emporté toutes mes chenilles et je commence à croire qu'elle était inhérente à la graine, voici pourquoi :

» Vous savez quel succès ont eu mes petites éducations des deux années précédentes ; eh bien ! pourquoi n'aurais-je pas réussi cette année, dans le même local, avec la même espèce d'insectes, nourris par la même personne et avec les feuilles des mêmes arbres ?

» Il y a plus, car ayant donné tous les œufs produits par mon éducation de l'année dernière, je suis allé en demander des nouvelles à la seule personne qui en eût reçu dans mon voisinage. Elle avait perdu presque toutes ses chenilles parce qu'elles étaient écloses sans qu'elle s'en doutât ; et il ne lui était resté que douze larves vivantes qui lui ont donné huit superbes cocons. Donc la graine faite à Barcelonne a fourni de bons résultats à côté de la graine du Japon qui n'en a donné aucun.

» Néanmoins il ne faut pas conclure d'après une seule observation, et il est bon d'attendre que les personnes qui ont reçu de mes graines fassent connaître le résultat de leurs éducations.

» L'éclosion des graines du Japon a été effectivement très-lente, plus de la moitié des larves écloses, nées petites et chétives, est morte sans avoir touché aux feuilles ; les autres se sont bien et normalement développées. La maladie a attaqué d'abord les chenilles sorties de l'œuf les dernières, entre la première et la deuxième mue ; puis elle a rapidement envahi toute l'éducation ; cependant les plus âgées, celles entre la troisième et la quatrième mue, sont aussi celles qui ont résisté le plus longtemps à la contagion. »

Voici donc encore deux éducations parallèles, faites à petite distance l'une de l'autre, d'un côté avec de la graine pondue à Barcelonne et de l'autre avec de la graine venue du Japon, la même qui nous a été si fatale à Metz. La semence faite en Espagne a donné des larves qui ont fourni de superbes cocons ; le défaut de surveillance qui a fait mourir de faim toutes les petites chenilles écloses sans que le possesseur s'en doutât, importe ici fort peu ; s'il eut été vigilant, au lieu de huit cocons il en aurait eu cent peut-être, qu'importe ? Ce qui importe réellement, c'est que la graine de Barcelonne a donné un bon résultat, et qu'à Barcelonne comme à Metz toutes les larves nées de la graine du Japon sont mortes de maladie sans qu'il en ait échappé une seule. Ce qui importe, ce qu'il faut signaler, c'est que la graine obtenue en Europe a donné des chenilles saines et robustes ; c'est là un beau résultat et qui importe essentiellement au point de vue de l'acclimatation du Yama-Maï.

Voyages des graines de vers à soie. — Maintenant que nous croyons avoir bien établi que la maladie des Yama-Maï a commencé, dans nos éducations expérimentales, par attaquer les vers qui étaient nés de la graine venue directement du Japon, il se présente tout naturellement à l'esprit une question très-grave : Les voyages peuvent-ils exercer une influence sur la graine des vers à soie ? Peuvent-ils nuire à sa qualité ?

Cette question nous semble du plus haut intérêt, puisqu'il faut aujourd'hui demander la semence aux pays les plus lointains, et même sans être assuré d'en obtenir de la bonne. Nous n'avons ni l'espérance ni la possibilité de donner la solution de ce grave problème, mais nous avons tenu à l'énoncer, persuadé qu'un jour ou l'autre il sera résolu. Tout notre désir est d'exposer simplement quelques observations qui nous sont personnelles, et de les livrer à l'attention des expérimentateurs pour leur donner l'éveil. Si chacun veut bien à son tour, apporter à la masse, les éléments qu'il pourra recueillir dans sa sphère d'action, nul doute qu'on ne parvienne à former de toutes les expériences particulières, un faisceau tellement compact, tellement lumineux, que la vérité s'en dégage forcément, à un moment donné, au grand profit de tous.

1re *Observation.*— Au mois de décembre 1863, nous avions une certaine quantité de graine du bombyx du mûrier d'une race venue de Perse, et que je devais primitivement à l'amitié de M. Guérin-Méneville. Cette race donnait de très-gros cocons blancs, et elle s'était toujours montrée parfaitement saine et robuste. Toute la graine fut expédiée dans le midi pour être expérimentée, mais les résultats d'une éducation forcée, en hiver, n'ayant point paru satisfaisants à la personne qui se proposait d'en faire acquisition, le tout fut renvoyé à Metz. Une partie de cette graine a été mise à l'incubation au mois de mai 1864 ; le tout a éclos ou peu s'en faut, mais à partir de la troisième mue presque toutes les larves ont péri par le flat, un petit nombre seulement est parvenu à filer, et encore presque toutes les nymphes ont-elles été trouvées mortes dans leur cocon. Cette graine avait fait deux voyages en hiver, le premier par un temps très-humide, et le second par un froid très-vif.

2° *Observation.* — Au mois de janvier 1864, M. Guérin-Méneville m'avait donné, pour être expérimentées, des graines de vers du mûrier de neuf races différentes et rapportées de Chine ou du Japon par MM. Simon (Eugène) et Berlandier, *de Burbantane.* Sur 2500 œufs environ qui ont été mis à l'incubation, il ne nous est éclos que soixante-deux larves, soit 2,48 pour cent. Mais comme il y a deux voyages effectués dans des conditions différentes, la totalité de la graine doit être répartie en deux catégories distinctes, correspondant chacune à une observation particulière. La première comprend 1150 œufs rapportés par M. Simon, pour ceux-ci, de quelque manière que le voyage se soit accompli, il est évident qu'il leur a été fatal, puisqu'ils n'ont pas fourni une seule larve. Quant à la seconde, nous avons dit dans quelles tristes conditions ont été rapportés les œufs qu'elle comptait; et pourtant c'est elle qui nous a donné soixante-deux naissances dont la proportion se trouve de 4,59 pour cent, le double à peu près de ce qui apparait quand on ne fait pas le partage que nous venons d'indiquer et qui est de toute justice. Dans l'un comme dans l'autre cas, le voyage a tellement altéré la graine, qu'on peut bien dire qu'il l'a tuée.

3° *Observation.* — Le 15 novembre, nous avons envoyé à Paris, à M. Guérin-Méneville, la moitié des œufs que nous avions récoltés, de l'éducation de nos vers May-Bash. Cette graine, mise à l'incubation à Joinville près Vincennes, au mois de mai 1865, n'a donné sur un millier d'œufs que trois ou quatre éclosions, c'est à-dire absolument rien ; à part ceux qui étaient éclos, tous les œufs étaient devenus noirs comme du charbon.

4° *Observation.* — Le 29 novembre, nous avons expédié

au docteur Sacc, à Barcelonne, deux cents œufs de cette même graine May-Bash ; mis à l'incubation ils n'ont pas donné non plus une seule naissance.

5e *Observation.* — Au commencement du mois de décembre, nous avons fait un troisième envoi de cette même graine à M. Maumenet, à Nîmes, et là encore nos œufs May-Bash n'ont rien donné du tout.

Il est bien clair pour nous que cette graine, que nous avons expédiée à Paris, à Barcelonne et à Nîmes, dans la seconde moitié de novembre et au commencement de décembre, n'est devenue stérile dans ces trois localités que parce qu'elle a été altérée par le voyage. Certes, nous n'avions pas trié les œufs pour garder les bons et faire voyager les mauvais ! Une trentaine de ceux destinés à M. Sacc, et qui n'étaient point partis parce qu'ils étaient restés enchevêtrés dans de la ouate, ont tous éclos spontanément, le 3 mai, dans un cabinet exposé au nord. Pourquoi ceux restés à Metz ont-ils donné des larves, tandis que ceux envoyés à Barcelonne n'en ont donné aucune ? Ils avaient été détachés, cependant, les uns comme les autres du même papier. Enfin le reste de cette graine, que nous avions gardé pour nos expériences de 1865, a été mis à l'incubation au Jardin botanique de Metz, le 4 mai ; tout a éclos dans trois jours, et l'éducation a bien réussi. Pourquoi la même graine a-t-elle été féconde à Metz ? Et pourquoi a-t-elle été stérile à Barcelonne, à Nîmes et à Paris ? N'est-il pas bien évident que c'est le voyage qui a fait toute la différence ?

6e *Observation.* — Le 11 avril 1865, nous avons reçu de la Société d'acclimatation une feuille de papier de Chine de grande dimension et entièrement couverte d'œufs de bombyx du mûrier. Toute cette graine arrivait de Chine ; mais dans quelles conditions avait-elle voyagé ? Je l'ignore ; ce qui est certain, c'est qu'au moment où elle nous est parvenue, il y avait déjà bon nombre de petites chenilles écloses, et que le tout exhalait une forte odeur de moisissure. Les éclosions ont continué journellement, et elles ont duré au minimum trente-cinq jours, jusqu'au 15 mai époque où elles ont été définitivement arrêtées. Les larves qui naissaient étaient en quelque sorte microscopiques, nous n'avons jamais rien vu d'aussi petit ni d'aussi misérable; presque toutes mouraient sans avoir touché aux feuilles. Nous ne pensons pas exagérer en affirmant que sur cette éclosion, qui a été très-considérable, car presque tout est sorti, le nombre des vers qui a vécu au delà de la première mue, n'a pas dépassé 5 pour cent ; et pour le surplus nous avons perdu encore des sujets dans une énorme proportion, soit par la pourriture, soit par une espèce de jaunisse qui se montrait après la troisième mue. Bref sur près de quatre cents larves que nous avions réservées après la deuxième mue, nous n'avons obtenu que deux cent soixante-treize cocons, tant bons que mauvais.

Voici donc pour le moins six cas bien constatés*, même en ne tenant pas compte de l'observation relative à la race Perse, où les voyages ont exercé la plus détestable influence sur la qualité de la graine. En ce qui concerne la race May-Bash, son expédition en novembre et en décembre aurait-elle eu lieu à une époque mal choisie? C'est très-possible ; et il serait sans doute utile d'échelonner, entre les mois de septembre et d'avril, les envois d'une même graine de bonne origine, en l'expédiant par petits lots différents, afin de s'assurer, par une expérience directe, s'il y aurait en effet un moment de l'année plus favorable que d'autres, pour la faire voyager.

* Il est bien entendu que nous comptons parmi les voyages funestes celui de la graine Yama-Maï du Japon, qui nous a fait manquer toute notre éducation de 1865.

Quoi qu'il en soit pour les six observations que nous venons de rapporter, il nous serait impossible de préciser les causes qui ont fâcheusement impressionné la graine des vers du mûrier ; mais pour la graine Yama-Maï, venue du Japon vers la fin de 1864, il nous paraît facile, au contraire, de mettre en évidence celles qui ont dû plus particulièrement la rendre mauvaise. Voici en effet ce qui se passe pour le bombyx Yama-Maï, qu'on peut assimiler à celui du mûrier pour la manière d'être et de se reproduire, quand l'un et l'autre se trouvent dans leurs conditions normales. La petite chenille sort de l'œuf dans la seconde quinzaine d'avril, et environ soixante jours après, du 15 au 30 juin, elle commence à filer son cocon. La durée du cocon est de quarante à quarante-cinq jours, et c'est dans le voisinage du 10 août que les papillons doivent éclore, en comptant huit jours à peu près depuis leur apparition jusqu'à la fin de la ponte ; on peut fixer très-approximativement le 20 août comme limite extrême, dans nos contrées, pour la production de la graine, et ce terme doit être sensiblement le même au Japon. A partir de cette époque, en supposant les papillons sauvages, et en admettant que les œufs aient été déposés en plein air, la graine aura inévitablement à supporter les dernières chaleurs de l'été, qui sont parfois assez fortes et peuvent se prolonger encore un mois, plus ou moins. Vers le 20 septembre, la petite chenille est toute formée dans l'œuf, mais elle commence à trouver une température moins élevée et qui va toujours en déclinant jusqu'à l'hiver. Elle entre alors, pour bien dire, en état d'hibernation et elle y reste jusqu'au mois d'avril suivant, c'est-à-dire pendant près de sept mois.

Il paraît constant que le bombyx Yama-Maï se trouve encore à l'état sauvage dans les forêts de l'île Kiousiou et de celle de Nippon la plus grande et la plus centrale de tout l'archipel

Japonais*. Par son assiette entre le 31° et le 45° parallèle nord, le Japon semble comporter un climat plus chaud que le nôtre, et sensiblement comparable à celui de l'Espagne ; mais il doit néanmoins supporter des hivers assez rigoureux, en raison même de sa situation, puisque les pays à l'est de l'ancien continent ont, sous la même latitude, des écarts de température bien plus considérables que ceux à l'ouest. S'ils ont des chaleurs extrêmes, ils ont aussi des froids excessifs ; mais ces derniers doivent se trouver quelque peu atténués pour le Japon, à cause de sa constitution insulaire. Il y a donc lieu de croire qu'après la ponte, même à l'état de liberté, les œufs d'Yama-Maï commencent par supporter, dans leur propre pays, une température assez élevée pendant deux mois encore, pour passer ensuite à une température assez basse pendant quatre ou cinq autres, depuis novembre jusqu'en mars.

Maintenant si la graine doit être expédiée en Europe, par la voie d'Egypte, qui est sans contredit la plus prompte et la plus facile, il est évident qu'elle sera dirigée tout d'abord au sud, jusqu'au premier parallèle, pour franchir le détroit de Malacca, et qu'elle accomplira une traversée de trois mille lieues environ, pendant laquelle elle sera soumise constamment à une température de 25 à 30 degrés centigrades, jusqu'à son arrivée à Suez ; c'est-à-dire pendant six semaines ou deux mois, en admettant les conditions ordinaires d'une heureuse navigation. De Suez à Paris on peut compter encore à peu près une vingtaine de jours, pendant lesquels la graine éprouvera un abaissement successif de température qui l'amènera définitivement à celle qu'elle devra trouver au terme de son voyage.

* Voir le *Bulletin de la Société impériale zoologique d'acclimatation*, année 1864, 2e série, tome I, p. 594.

Ceci posé il est facile de se rendre compte de ce qui est advenu à la graine Yama-Maï que la Société d'acclimatation a reçue du Japon et qui ne lui est parvenue que vers le milieu de janvier. Cette graine n'a dû quitter Alexandrie qu'au commencement du mois, et dès-lors il est impossible qu'elle n'ait point été soumise pendant tout décembre et presque tout novembre à de très grandes chaleurs pendant qu'elle parcourait l'Océan indien et même la mer Rouge, où elle a rencontré une température supérieure à celle qui provoque l'éclosion normale ; c'est là un fait qui est d'ailleurs suffisamment démontré par le nombre considérable d'œufs éclos et de petites chenilles desséchées que nous avons trouvés dans l'envoi qui nous a été fait le 25 janvier. A leur arrivée en France, les œufs qui cependant n'avaient pas encore donné de naissances à la suite du travail d'incubation forcée que nous venons de dire, sont tombés soudain à la température qu'ils auraient dû avoir depuis deux mois déjà, s'ils n'eussent pas quitté leur pays d'origine. N'est-il pas certain qu'il leur est arrivé ce qui arrive à une couvée de poussins que la mère abandonne après une quinzaine de jours d'incubation ? En cas pareil tous les poussins sans exception meurent dans l'œuf ; seulement comme les articulés sont des animaux d'un ordre très-inférieur à celui des oiseaux, le refroidissement qui a saisi les œufs Yama-Maï à leur arrivée en France, au cœur de l'hiver, n'a pas tué raide toutes les petites chenilles, mais il les a rendues bien malades. Le principe de la vie fortement surexcité chez elles, en novembre et en décembre, puis brusquement comprimé par l'abaissement considérable de la température, depuis janvier jusqu'au mois d'avril, a été si profondément atteint que les embryons qui en avaient conservé encore une étincelle, se trouvaient dans l'impossibilité radicale de parcourir une existence complète. Fatalement ils étaient condamnés à mourir, non-seulement ils ne pouvaient pas vivre, mais il semble, en vérité, qu'ils n'auraient même pas dû éclore.

Dans cet exemple les faits parlent d'eux-mêmes, et les causes qui ont altéré la graine Yama-Maï pendant le voyage sont palpables. Si les choses se fussent passées autrement, si la graine eût été expédiée en Europe immédiatement après la ponte, à coup sûr elle aurait encore été soumise à la température inévitable du voyage à travers la zone torride, mais elle ne l'aurait supportée que pendant le temps même où elle en aurait subi l'influence dans son propre pays, et en arrivant en France vers le commencement de Novembre, elle se serait trouvée presque constamment dans ses conditions normales. On ne saurait guère douter qu'elle n'eût fourni, dans ce cas, des insectes robustes, capables de donner à leur tour une progéniture saine et vigoureuse.

On conçoit aisément qu'on n'ait pas toujours sous la main un bâtiment de grande marche pour le faire partir à point nommé et expédier en France de la graine de vers à soie *juste au moment voulu;* il serait puéril de le demander! Mais ne pourrait-on pas, quelle que fût l'époque du voyage, maintenir la graine, quand il s'agit du bombyx Yama-Maï et de celui du mûrier, ou bien les cocons s'il s'agissait du bombyx Pernyi, dans des conditions favorables, en modifiant pour eux la température à l'aide de glacières artificielles? Il y aurait évidemment un surcroît de dépenses ; mais ne serait-on pas bien indemnisé par la réussite? Que de dépenses en pure perte n'a-t-on pas faites jusqu'ici pour de louables mais trop malheureuses tentatives, qui toutes ont misérablement avorté faute d'avoir su faire !

Si les voyages sont souvent funestes à la graine des vers à soie, on ne peut pas dire néanmoins qu'ils soient toujours une cause de mortalité. Ainsi par exemple la graine des vers à soie du mûrier, que la Société d'acclimatation a eu la bonne inspiration d'acheter sur place au Japon en 1864, pour l'introduire en France, est la seule qui ait donné des résultats favorables en 1865. Son éclosion s'est faite parfaitement, et les éducations qui en sont provenues ont parfaitement réussi, tandis que toutes les graines d'autre origine n'ont donné que déceptions et désastres dans le Midi. Il faut dire aussi que cette graine avait été choisie au Japon avec une attention toute particulière, et que pour l'expédition, l'emballage et le transport, elle avait été constamment l'objet des soins les plus attentifs. Or, puisqu'on a réussi une fois, on peut et on doit réussir encore. Mais il est indispensable de prendre toutes les précautions imaginables pour faire voyager les graines dans les conditions qui leur soient le plus favorables ; pour cela, il faut étudier quelles sont les meilleures époques, ou du moins celles qui se prêtent le mieux au transport de ces germes délicats que tant de causes connues ou à reconnaître, peuvent frapper de stérilité. Il faut de toute nécessité les entourer des soins hygiéniques qui leur sont indispensables, pour n'en pas compromettre l'existence comme il est arrivé trop souvent dans des envois faits sans précautions ou préparés par des personnes peu versées en ces sortes de choses. Il faut étudier les causes qui pourraient faire manquer les voyages et les conditions qui doivent les faire réussir, puisqu'il y en a d'heureux comme il y en a de malheureux. Nous avons cru devoir soulever cette question des voyages de la graine, persuadé qu'elle est du plus haut intérêt et que lorsqu'elle sera résolue on aura fait un pas en avant, et qu'on sera bien près d'avoir conjuré le fléau qui fait depuis dix ans la désolation d'une de nos plus belles industries.

Nous prions le lecteur de vouloir bien nous pardonner la longueur des détails dont nous avons accompagné le récit de la désastreuse éducation de nos vers Yama-Maï en 1865 ; notre excuse est dans le but que nous nous sommes proposé. Nous croyons en effet qu'il importe essentiellement, en fait d'acclimatation, de ne rien dissimuler, ni revers, ni succès, parce que les uns et les autres sont également fertiles en enseignements. Si les réussites montrent la route heureusement suivie, les insuccès signalent les dangers qu'il faut éviter, et il n'est pas moins utile d'être éclairé sur ceux-ci, qu'il est avantageux de connaître la bonne direction à prendre. Tout doit être loyalement exposé dans les deux sens ; mais il faut se garer de toute espèce d'exagération, surtout en fait de succès, par la raison qu'il y a plus d'inconvénient à provoquer des illusions qui ne sauraient se soutenir devant la réalité et que le découragement pourrait suivre, qu'à faire naître une défiance trop grande dont l'expérience finirait toujours par faire justice. Une conquête aussi précieuse que celle du bombyx Yama-Maï mérite bien qu'on se donne quelque peine pour l'obtenir ; peu importent les revers de quelques-uns, pourvu que d'autres réussissent. Il faut avant tout se pénétrer de l'idée qu'une acclimatation ne s'improvise pas du jour au lendemain, qu'elle est toujours une affaire de temps et qu'elle devient le prix du travail et de la persévérance.

Il ne nous reste plus maintenant, pour terminer la tâche que nous nous sommes imposée, qu'à rendre compte des expériences que nous avons faites cette année sur quelques races de vers du mûrier et sur le bombyx Cynthia de l'ailante.

On a vu au début de ce travail que nous avions élevé en 1864, six races différentes du bombyx du mûrier, dont trois seulement nous ont donné de la graine * ; à savoir : la race May-Bash, celle du nord de la Chine, et celle du Puy qui avait été gravement atteinte par la maladie. Nous avions donc à vérifier ce qui leur adviendrait en 1865, pour savoir si elles auraient gagné ou perdu. En outre de ces trois catégories, nous avions encore à expérimenter de la graine de Chine et de la graine du Japon qui nous avait été envoyée par la Société impériale d'acclimatation, les 11 et 27 avril, et enfin de la graine d'une très-belle race milanaise, atteinte comme toutes celles d'Europe par la maladie, mais sur laquelle M. Collignon fait depuis quelques années des expériences en vue de la guérir et de la régénérer. En somme, nous avions en 1865, comme en 1864, six races de vers du mûrier à étudier.

La graine du Japon que nous avions reçue le 27 avril, a commencé à éclore ce jour-là même, elle a continué jusqu'au 2 mai inclus, et en six fois vingt-quatre heures toutes les larves étaient sorties.

Les races May-Bash, du Nord de la Chine, du Puy et celle de Milan, ont été mises à l'incubation le 2 mai.

Les vers May-Bash ont été les premiers à paraître ; commencée le 4, leur éclosion s'est bien faite au contraire de ce qui est arrivé à Joinville-le-Pont, à Nimes et à Barcelonne

* Nous croyons devoir dire en toute sincérité que le procédé que nous avions employé pour l'obtenir a sans doute réagi sur elle, et lui a fait perdre en partie la vitalité dont elle aurait dû être douée. Nous avions, en effet, maintenu les cocons d'abord, et les papillons ensuite sous des cloches en verre, ce que nous regardons aujourd'hui comme une méthode tout à fait vicieuse, en ce qu'elle élève beaucoup trop la température et qu'elle a surtout le grave inconvénient d'empêcher un renouvellement d'air suffisant autour des insectes, renouvellement que nous considérons comme une des conditions les plus indispensables à leur santé et à leur existence.

où la graine a été tout à fait stérile. Les naissances ont duré trois jours, et la presque totalité des œufs a donné des chenilles.

Après les May-Bash, les vers du Nord de la Chine se sont montrés à partir du 8 ; leur éclosion a demandé trois jours, mais elle n'a été que partielle.

Le 9, les vers Milanais ont paru à leur tour ; leur éclosion a très-bien réussi, elle a duré quatre jours.

La race du Puy est venue la dernière, sa graine n'a commencé à donner des naissances que le 11 mai, la sortie des larves a duré cinq jours, elle a été fort incomplète ; et nous ajouterons de suite, pour n'avoir plus à y revenir, qu'à la troisième mue, l'éducation entière avait disparu, en espaçant ses morts depuis le premier jour de la naissance jusqu'à son extinction complète. Tout a été enlevé par la pourriture.

Enfin l'éclosion de la graine de Chine, qui avait commencé même avant que nous l'eussions reçue, a duré au minimum depuis le 11 avril jusqu'au 15 mai compris, c'est-à-dire trente-cinq jours pleins. Elle a ressemblé singulièrement à celle des œufs Yama-Maï envoyés directement du Japon à la Société d'acclimatation, car elles ont duré l'une et l'autre le même temps, à un jour près. Seulement nous avons sauvé des vers de la race chinoise, tandis que tous les Yama-Maï ont péri.

Race du Japon. — La race japonaise, dont les éclosions ont eu lieu entre le 27 avril et le 2 mai, a donné ses premiers cocons le 24 juin, cinquante-huit jours après les premières naissances, et les derniers ont été filés le 10 juillet, soixante-neuf jours après la sortie des dernières petites chenilles. La vie moyenne des larves a été de soixante-trois jours ; les mues se sont faites sans accidents, et les vers avaient tous la plus belle apparence ; néanmoins nous en avons perdu dix par la pourriture, et quinze sont morts en filant des cocons transparents, tant ils étaient pauvres en soie. Nous avons obtenu six cent quatre-vingt-trois cocons qui ont donné leur papillon, et trente-six dont les chrysalides étaient mortes. Les premiers papillons ont paru le 13 juillet, dix-neuf jours après la formation des premiers cocons, et les derniers n'ont guère dépassé la fin du mois, en sorte que la durée du cocon s'est trouvée de vingt jours. Les papillons étaient généralement bien faits, les femelles étaient plus blanches que les mâles; ces derniers étaient très-ardents, et les accouplements comme les pontes ont très-bien réussi.

Les cocons de cette race ressemblent de tout point à ceux que nous avions obtenus en 1864 de nos vers May-Bash. La forme et la nuance sont exactement les mêmes, les uns et les autres sont petits, mais épais et résistant très-bien à la pression du doigt.

Le nombre 744 des larves sorties de la graine du Japon se répartit comme suit :

Larves mortes du flat.	10, soit	1,3441 p. %
— mortes d'épuisement en filant leur cocon.	15, soit	2,0161 p. %
— mortes à l'état de chrysalides dans le cocon.	36, soit	4,8387 p. %
— ayant donné des papillons. . .	683, soit	91,8010 p. %

Pendant toute la durée de cette éducation, comme de toutes les autres, au surplus, nous avons cherché à entretenir dans la chambre de nos expériences une température plutôt fraiche qu'élevée Pour y parvenir, nous fermions, à partir de huit heures du matin, par les chaudes journées, les fenêtres qui toutes regardaient au midi et nous les ouvrions le soir dès que la grosse chaleur était tombée; par ce moyen la fraîcheur de la nuit rendait à l'air du dedans toute sa pureté ainsi que l'élasticité nécessaire au bon état de santé de nos vers. Comme la salle était très-vaste, nous avons rarement dépassé 26 ou 27 degrés centigrades et le plus ordinairement nous sommes restés à 21 ou 22 degrés. C'est à cette précaution que nous croyons devoir attribuer la longue existence de nos insectes sous leur forme de larve puisqu'ils ont vécu ainsi soixante-trois jours au lieu de quarante-deux qu'on cherche à ne pas dépasser et même à ne pas atteindre dans les éducations industrielles. Si nous avons, par là, perdu bien des jours, une vingtaine au moins, au point de vue de la dépense et des soins à donner, nous pensons du moins avoir obtenu une ample compensation de nos peines en donnant à nos chenilles une vigueur qui en a fait des reproducteurs sains et robustes.

Quand tous les papillons ont été sortis, nous avons pesé avec soin 100 cocons débarrassés de leur bourre et de toute espèce de débris de larve ou de chrysalide, et nous avons trouvé 8 grammes et 90 centièmes, ce qui exigerait 11236 cocons pour un kilogramme de soie grège.

Nous avions fait une opération semblable sur cent cocons vivants et le résultat de la pesée nous avait donné 70 grammes et 27 centièmes, ce qui ne fait guère plus de 700 grammes par mille de cocons pleins.

Race May-Bash. — La seconde génération de nos vers May-Bash a commencé à donner des naissances le 4 mai, et le 7 l'éclosion était achevée. Les premiers cocons ont été filés le 4 juillet, soixante et un jours après l'apparition des premières larves, et les derniers ne l'ont été que le 28, au bout de quatre-vingt deux jours depuis le 7 mai. Il y a eu ainsi un écart de vingt-quatre jours entre les cocons, quand les naissances n'en avaient pris que trois, et la vie moyenne des larves a été de soixante et onze jours. Nous avons eu en tout 236 chenilles dont le nombre se décompose de la manière suivante :

Chenilles mortes par le flat pendant l'éducation.	13, soit	5,508 p. °/₀
— mortes d'épuisement en filant les cocons.	13, soit	5,508 p. °/₀
— mortes à l'état de chrysalides dans les cocons.	10, soit	4,237 p. °/₀
— ayant donné des papillons.	200, soit	84,745 p. °/₀

Les premiers papillons se sont montrés le 20 juillet et depuis le 6 août il n'en est plus sorti, en sorte que les cocons auraient duré 16 jours au moins du 4 jusqu'au 20 juillet, et 35 au plus, en comptant jusqu'au 5 août compris ; entre ces limites on trouve 24 jours pour la durée moyenne du cocon. Les 210 cocons que nous avons obtenus ressemblaient de tout point à ceux que nous avions eu en 1864; et leur ressemblance n'était pas moins complète avec ceux que nous a donnés, cette année, la race du Japon.

Il est à remarquer que l'existence de nos vers May-Bash a duré huit jours de plus que celle des larves de la graine du Japon que nous devions à la Société impériale d'acclimatation ; la vie moyenne des cocons a été aussi un peu plus longue, mais les papillons qu'ils ont donnés n'en ont pas moins montré beaucoup d'agilité et d'ardeur, et nous pouvons ajouter que nous n'en avons pas eu de difformes comme il arrive souvent dans les races malades. Si la proportion des reproducteurs a été moins forte pour les May-Bash que pour les vers Japonais, nous pensons devoir en attribuer la cause à la manière défectueuse dont la graine a été faite en 1864.

Pour cette éducation comme pour la précédente, nous avons pris exactement le poids de cent cocons débarrassés de toute matière étrangère, il s'est trouvé un peu plus faible que celui des cocons Japonais et n'a donné que 8 grammes et 65 centièmes ce qui équivaut à 11560 cocons pour un kilo de soie grège.

Race du nord de la Chine. — Le peu de graine que nous avions de la race du nord de la Chine a commencé à donner des larves le 8 mai, et le 10 elle a eu fini d'éclore, elle ne nous a donné que très-peu de chenilles et leur éducation a fort mal tourné. Les larves n'ont atteint que de très-faibles dimensions, et quand elles ont filé leurs cocons on les aurait prises pour des vers du quatrième âge tout au plus. Les premiers cocons ont été filés le 21 juin, quarante-cinq jours après les premières naissances; les autres se sont succédé rapidement, mais nous n'en avons eu que douze. Beaucoup de larves ont péri par le flat, et trois ayant montré des traces de gattine, nous les avons immédiatement supprimées. Un seul papillon a percé son cocon le 10 juillet et encore il est mort sans pouvoir en sortir. En somme, nous n'avons pas pu avoir un seul reproducteur de cette race que nous avons totalement perdue. Les cocons étaient comme en 1864 d'un beau blanc, bien faits, mais extrêmement petits.

Race Milanaise. — La graine des vers milanais a éclos entre le 9 et le 12 mai inclus, c'est-à-dire, en quatre jours; elle nous a donné 216 larves, dont l'éducation a marché très-régulièrement, et qui sont devenues fort belles. Quatre sont mortes du flat, et deux ont présenté des taches de gattine; il va s'en dire que ces deux dernières ont été éliminées sur le champ. Les premiers cocons ont paru le 3 juillet, cinquante-quatre jours après les premières naissances et les derniers ont été filés le 20. La vie des larves a été de la sorte d'une durée moyenne de soixante-deux jours. Le 21 juillet, les papillons ont commencé à se montrer, dix-huit jours après que les premières chenilles s'étaient enfermées, et à partir du 6 août il n'en est plus sorti aucun. La limite extrême de la durée d'un cocon pourrait à la rigueur avoir atteint trente-trois jours, mais ce chiffre est évidemment trop fort, et comme beaucoup de cocons n'ont point donné de papillons, on peut admettre que la durée moyenne a été pour cette race de 18 à 20 jours. Les cocons sont assez gros, bien faits, fournis en soie et d'une belle couleur jaune nanquin. Le 14 juillet, nous avons pesé soigneusement 50 cocons pleins qui nous ont donné 53 grammes et 96 centièmes, ce qui produirait 1 kilo 79 grammes par mille de cocons vivants. Après la sortie des papillons, nous avons fait la même opération pour avoir le poids net de 100 cocons débarrassés de tout résidu, et nous avons trouvé 12 grammes et 13 centièmes, ce qui comporte 8245 cocons pour 1 kilo de soie grège, en supposant toujours qu'on puisse dévider le cocon jusqu'au bout, ce qui n'est pas admissible.

Nous avons dit que nous avions eu 216 larves ; ce chiffre se décompose comme suit :

Larves mortes de la pourriture.	4,	soit 1,8518 p. %
— détruites pour cause de gattine.	2,	soit 0,9259 p. %
— mortes en chrysalides dans le cocon.	100,	soit 46,2963 p. %
— ayant donné des papillons. . . .	110,	soit 50,9259 p. %

Il saute aux yeux que cette race, malgré son apparente vigueur, et nonobstant tous les soins que nous avons pris pour lui refaire un tempérament robuste, est encore dans un état d'infériorité bien grand, puisqu'elle n'a donné que cinquante et un sujets sur cent qui fussent aptes à se reproduire. Il sera très-intéressant de vérifier, en 1866, le résultat que pourra fournir la graine que nous avons obtenue cette année.

Race Chinoise. — C'est à la Société impériale d'acclimatation que nous devons la race Chinoise que nous avons expérimentée en 1865 ; l'éclosion en a duré au moins trente-cinq jours, jusqu'au 14 mai compris. Malgré le nombre considérable de larves qui sont mortes sans avoir touché aux feuilles qu'on leur donnait, il nous en est resté néanmoins beaucoup trop pour que nous pussions songer à les élever toutes, et nous en avons détruit une énorme quantité. Nous avons conservé environ quatre cents chenilles pour en faire un sujet d'étude, et comme leur éducation nous a fourni quelques observations que nous croyons intéressantes, nous entrerons dans un peu plus de détails pour cette race que pour les autres.

Nous avions déjà remarqué en 1864, parmi nos vers du nord comme parmi ceux du sud de la Chine, quelques sujets qui n'avaient point la teinte blanche et brillante de la porcelaine, teinte qui semble particulière aux races de l'extrême Orient, mais qui tranchaient au contraire sur la masse de leurs congénères par une nuance d'un gris plus ou moins intense ; toutefois nous en avions eu trop peu pour qu'il eût été possible de les élever séparément avec la moindre chance d'en obtenir de la graine, malgré tout notre désir. Ce fut donc avec la plus vive satisfaction que nous aperçûmes, en 1865, après la deuxième mue de nos vers chinois, un certain nombre de larves qui nous rappelaient les variétés de coloration qui nous avaient si fort intrigué l'année d'auparavant. Ces larves étaient presqu'entièrement noires quand la masse des autres avait déjà pris sa teinte blanche franchement accusée. Au quatrième âge il nous a été facile de distinguer cinq variétés bien tranchées dont nous pouvions faire des éducations partielles, ce à quoi nous n'avons eu garde de manquer, et nous avons séparé :

1° Larves presqu'entièrement noires avec deux taches blanches en lunettes sur le premier anneau.	37
2° Larves avec les anneaux noirs cerclés de blanc.	38
3° Larves d'une teinte générale gris foncé, avec deux ocelles, rouge brique, sur chaque anneau. . .	5
4° Larves d'une teinte uniforme grise, avec de petits dessins de couleur variée, donnant à la peau du ver l'apparence d'une peau de serpent.	4
5° Larves blanches, mais décorées d'ocelles jaunes sur chaque anneau	2
	86

Soit quatre-vingt-six chenilles réparties en cinq groupes que nous avions désignés, pour nous entendre d'un seul mot, sous les noms suivants :

1° Vers bariolés; 2° vers zébrés; 3° vers arlequins ; 4° vers couleuvres ; 5° vers ponctués.

Le reste de l'éducation formait un groupe à part, composé de toutes les larves blanches qui étaient au nombre de deux cent quatre-vingts.

Nous avions donc en tout 366 chenilles du quatrième âge, espacées par leurs naissances entre le 1er et le 8 mai, car tout ce qui était éclos auparavant était mort, et ce qui était éclos postérieurement avait disparu en même temps que l'excédant dont nous nous étions débarrassé. Ces 366 chenilles nous ont donné 249 cocons, dont 166 bons et 83 mauvais.

L'éducation en bloc se décompose de la manière suivante :

Larves mortes par maladie.	117, soit 31,9672 p. %
— mortes en chrysalides dans le cocon.	83, soit 22,6776 p. %
— ayant donné des papillons.. . .	166, soit 45,3551 p. %

Les chiffres parlent d'eux-mêmes, et montrent qu'elle a été des plus médiocres, sans avoir été pourtant aussi désastreuse que celle des vers Yama-Maï, dont la graine avait été rapportée du Japon.

Après ce coup d'œil d'ensemble il est curieux de décomposer l'éducation entière dans ses divers éléments, et d'étudier la mortalité des larves selon la répartition que nous en avions faite, d'après leur coloration. Et d'abord, disons qu'en faisant des catégories nous n'avions en vue qu'un seul but, celui de savoir si les variétés que nous avions séparées pourraient se reproduire par la génération, devenir persistantes et faire race ; ou si nous n'avions eu tout simplement affaire qu'à des variétés accidentelles, passagères et devant s'évanouir par la génération.

Vers bariolés. — Le premier lot, celui des vers bariolés — c'étaient les plus foncés en teinte, — comptait 37 larves ; il nous a donné 35 cocons, à partir du 24 juin, c'est-à-dire au bout de cinquante et un jours, attendu que nous reportons, en moyenne, pour la race chinoise, toutes les naissances au 4 mai. Nous avons perdu deux larves par la pourriture, et sept chrysalides sont mortes dans les cocons ; le groupe se fractionne donc de la manière suivante :

Larves	mortes de maladie.	2, soit	5,42 p. %
—	mortes en chrysalides dans le cocon.	7, soit	18,91 p. %
—	ayant donné des papillons.	28, soit	75,67 p. %

Ces vers bariolés ont acquis un très-beau développement, et les cocons qu'ils ont donnés étaient assez gros, bien résistants sous le doigt, mais un peu rudes au toucher ; quelques-uns se sont trouvés pointus par un bout, tous étaient jaunes. Les papillons qui en sont sortis étaient forts et ardents, les mâles avaient les dessins de leurs ailes plus accusés et d'un noir plus intense que les mâles des autres races, et ils étaient assez vigoureux pour s'envoler d'un bout de la salle jusqu'à l'autre. Les accouplements ont eu lieu dans de bonnes conditions, nous avons toujours laissé les sexes se séparer d'eux-mêmes, les œufs que nous avons recueillis étaient relativement gros, bien ronds et très-adhérents au papier sur lequel ils ont été déposés ; nous en avons eu assez pour recommencer en 1866 une éducation qui nous permette de propager cette variété, que nous regardons comme très-robuste. Les papillons ont commencé à se montrer à partir du 15 Juillet, ou 21 jours après la formation du premier cocon.

Vers zébrés. — Nos vers zébrés étaient au nombre de trente-huit. De même que les bariolés, ils ont atteint un très-beau développement ; mais pendant l'éducation nous avons perdu trois larves par le flat et cinq par la jaunisse, qui a sévi avec une redoutable intensité, surtout sur les vers blancs. Comme le précédent, ce groupe nous a donné des cocons à partir du 24 juin et les papillons ont commencé aussi à se montrer le 15 juillet. Nous avons eu en tout 30 cocons dont 12 renfermaient des nymphes mortes.

Les 38 chenilles zébrées ont donné les résultats suivants :

Larves mortes par la pourriture. . . . . . . 3, soit 7,8947 p. $^0/_0$
— mortes par la jaunisse . . . . 5, soit 13,1578 p. $^0/_0$
— mortes en chrysalides dans le cocon 12, soit 31,5789 p. $^0/_0$
— ayant donné des papillons . . . . . . 18, soit 47,3684 p. $^0/_0$

Les papillons des vers zébrés et leurs cocons avaient identiquement les mêmes caractères que ceux des vers bariolés. Nous devons dire cependant que la proportion des reproducteurs était de beaucoup plus faible chez les zébrés.

Nous avons eu aussi de ce groupe des œufs de très-belle apparence et en quantité suffisante pour poursuivre, en 1866, nos observations auxquelles nous attachons le plus vif intérêt, depuis que nous avons eu connaissance de la très-remarquable notice du capitaine Hutton.

Vers arlequins. — Le groupe des vers arlequins n'avait que cinq larves, quatre sont mortes du flat ayant acquis déjà un superbe développement et presque sur le point de filer; il n'a donné qu'un seul cocon qui a été filé le 8 juillet, soixante-cinq jours après la naissance de la chenille et encore la chrysalide est-elle morte dans son cocon.

Vers couleuvres. — Les vers couleuvres n'étaient qu'au nombre de quatre ; comme ceux des trois groupes précédents, ils ont acquis un très-remarquable développement; pendant l'éducation une larve est morte du flat et nous n'avons eu que trois cocons. Sur ces trois cocons un seul a donné son papillon, le 23 juillet; le premier cocon avait été filé le 3 du même mois, soixante jours après l'éclosion des larves.

Vers ponctués. — Nous n'avions que deux sujets dans le lot des vers ponctués; ils ont fait chacun leur cocon, à partir du 4 juillet, soixante et un jours après la naissance, mais nous n'avons eu qu'un papillon qui est sorti le 23, dix-neuf jours après la formation du cocon.

Vers blancs. — Le groupe des vers ordinaires ou vers blancs se composait de 280 chenilles. Pour celles qui sont arrivées jusqu'au cocon on peut dire qu'elles étaient très-belles; mais il faut dire aussi qu'il en est mort un bien grand nombre sans pouvoir arriver à ce point. 102 ont péri soit par le flat, soit par la jaunisse. Nous avons désigné sous ce nom une maladie qui donnait aux vers une teinte soufrée et leur faisait transsuder un liquide de même couleur; cette maladie présentait la plus grande analogie avec celle qui a ravagé nos vers Yama-Maï du troisième âge, la seule différence que nous ayons remarquée c'est qu'elle a épargné, d'un côté, un certain nombre de vers du mûrier, et que de l'autre, au contraire, elle a tué tous les Yama-Maï jusqu'au dernier. Sur le nombre des cocons que nous avons obtenus, 60 se sont trouvés mauvais et 118 ont donné des reproducteurs. Les premiers cocons ont été filés le 24 juin, cinquante et un jours après la naissance des larves, et les premiers papillons se sont montrés le 17 juillet, vingt-trois jours après la formation du cocon. Ces derniers étaient assez vigoureux, mais moins cependant que ceux des vers colorés. Nous avons obtenu de la graine de bonne apparence que nous nous proposons de faire éclore en totalité au mois de mai 1866, pour voir si après la deuxième mue elle nous donnera encore des vers colorés. S'il en était ainsi, nous les grouperions de nouveau par catégories, suivant leur nuance, pour en faire des éducations à part, afin de poursuivre l'expérience aussi loin que possible.

L'éducation des vers blancs se répartit comme il suit :

Larves mortes par le flat.	35, soit 12,500 p. %
— mortes par la jaunisse.	67, soit 23,928 p. %
— mortes en chrysalides dans le cocon	60, soit 21,428 p. %
— ayant donné des papillons	118, soit 42,143 p. %

Sur le nombre total des 178 cocons fournis par cette éducation, il y a eu :

Cocons nanquins bien faits.	115, soit 64,60 p. %
— pointus par un bout.	43, soit 24,15 p. %
— blancs bien faits.	20, soit 11,24 p. %

Et en poussant les recherches un peu plus loin on arrive au résultat suivant, à savoir que :

Les 115 cocons nanquins ont donné	90	reproductrs	ou	78,26 p. %
Les 43 cocons pointus	—	18	—	41,86 p. %
Et les 20 cocons blancs	—	10	—	50,00 p. %

Ce qui établit que les cocons réguliers et bien faits fournissent un plus grand nombre de reproducteurs que les cocons difformes, et que parmi les cocons bien faits les cocons jaunes appartiennent à des sujets plus robustes que les blancs.

Si nous reprenons maintenant les nombres partiels que nous avons déterminés pour les diverses catégories de vers de la race Chinoise, nous voyons qu'elles ont fourni des reproducteurs dans les rapports suivants :

Vers bariolés.	75,67	pour cent.
— zébrés.	47,36	—
— arlequins	0,00	—
— couleuvres.	25,00	—
— ponctués	50,00	—
— blancs.	42,14	—

Il serait peut-être préférable de faire abstraction complète des trois petits groupes dont le nombre de sujets, trop restreint, fournit des chiffres qui ne peuvent guère inspirer de confiance ; mais si on veut en tenir compte et les réunir aux deux groupes bariolés et zébrés, pour ne faire qu'un ensemble de tous les vers colorés, vers que le capitaine Hutton considère comme retournant, par un suprême effort de la nature, vers leur type primitif, on arrive à un résultat moyen, bien loin sans doute de celui que donnent les vers bariolés pris isolément, car on ne trouve plus les reproducteurs que dans la proportion de 58 pour cent ; mais même atténué de la sorte, ce chiffre est bien supérieur encore à celui que donnent les vers blancs, dont les reproducteurs ne dépassent guère 42 pour cent.

De tout ce qui précède, nous croyons pouvoir tirer les conclusions suivantes, qui s'accordent parfaitement avec celles auxquelles est arrivé le capitaine Hutton, à savoir : que les vers à soie du mûrier sont d'autant plus robustes que les larves sont plus colorées et d'une nuance qui se rapproche davantage du noir dans le jeune âge ; que parmi les cocons, les mieux faits appartiennent aux chenilles les plus vigoureuses ; et qu'enfin parmi les cocons bien faits les jaunes fournissent des reproducteurs dans une proportion plus forte que les blancs.

En commençant nos expériences sur la race Chinoise, qui nous était à bon droit suspecte à cause de l'état où se trouvait la graine quand nous l'avons reçue, nous étions dans l'ignorance la plus absolue des études remarquables du capitaine Hutton. C'est la curiosité qui nous a mis sur une voie où nous sommes heureux de nous être rencontré avec un observateur aussi judicieux ; et nous nous estimons heureux surtout de voir que nos observations personnelles soient venues nous donner une preuve irrécusable de la justesse des appréciations du savant capitaine.

Pour en finir avec les vers à soie du mûrier, nous n'avons plus qu'une seule observation à rapporter, c'est que le 11 et le 12 août nous avons constaté quelques éclosions dans nos œufs de la race du Japon, de même que dans ceux de la race Chinoise pour la variété des vers blancs. Nous avons trouvé environ deux cent cinquante petites chenilles, dont une centaine pour la race de Chine. Nous avons essayé de les élever, mais toutes sont mortes, probablement parce que la feuille était trop dure à cette époque, pour d'aussi jeunes larves. Heureusement cette éclosion, que le capitaine Hutton considère d'ailleurs comme une preuve de vigueur pour la race qui la donne, s'est arrêtée rapidement, et depuis lors toute notre graine est restée parfaitement au repos. Nous supposons qu'elle a été provoquée par la chaleur exceptionnelle de l'été de 1865, et sans doute aussi parce que la portion du papier où elle s'est produite, s'est trouvée exposée pendant quelques jours devant une fenêtre où elle recevait directement l'impression des rayons solaires.

Nous terminerons cette notice déjà bien longue, par quelques observations sur une éducation de vers Cynthia, qui nous a présenté, en 1865, certaines circonstances particulières qui n'avaient point éveillé notre attention les années précédentes.

Les 25 cocons que nous avions récoltés en 1864, ont commencé à nous donner des papillons le 6 juin, et ce jour-là nous avons eu un mâle et une femelle. Les sorties ont continué médiocrement, sans régularité et à des intervalles trop espacés; les sexes ont été mal distribués, et nous n'avons eu que deux mâles contre six femelles, en tout huit papillons, dont le dernier est venu le 24, dix-huit jours après l'apparition du premier. Nous n'avons pu obtenir que trois accouplements, et encore ne nous ont-ils même pas donné la satisfaction de vérifier si le double mariage du mâle était à éviter chez cette espèce, comme il doit l'être pour le bombyx Yama-Maï. En effet, des deux femelles qui ont été unies au même mâle, la première a donné passablement d'œufs, mais il n'est sorti que très-peu de larves petites et chétives, et qui toutes sont mortes sans avoir touché aux feuilles d'ailante ; et la seconde n'a pondu qu'une vingtaine d'œufs qui n'ont rien donné du tout. C'est donc une expérience à recommencer, car le piteux résultat que nous a donné le premier accouplement permet de supposer que les deux femelles ne valaient guère mieux que le mâle qui les avait fécondées. Les œufs de la première femelle ont mis dix-sept jours avant d'éclore. Le second mâle que nous ayons eu a été accouplé le jour de son éclosion, le 12 juin, avec une femelle qui attendait depuis le 9 ; la ponte a commencé le 14, et dix-huit jours après, le 2 juillet, les petites chenilles ont commencé à sortir. Bien qu'elles aient paru d'abord un peu plus fortes que celles qui étaient nées de la première ponte, elles n'ont pourtant pas réussi beaucoup mieux ; nous n'en avons eu qu'une cinquantaine au plus et sur ce nombre une seule est parvenue au cinquième âge sans pouvoir faire son cocon. Toutes sont mortes flétries et comme épuisées, et la génération entière a disparu.

Dès que nous nous étions aperçu de la mauvaise tournure que prenaient les sorties de nos papillons et surtout les naissances de nos petites chenilles, nous nous étions adressé à M. Guérin-Méneville pour lui demander un peu de graine, s'il en avait encore, et avec son obligeance accoutumée il nous envoya immédiatement quatre cents œufs qui commencèrent à éclore le 4 juillet, et continuèrent ainsi jusqu'au 10 inclus, de sorte que les naissances se sont trouvées réparties sur une période de sept jours.

Le 10, nous avons mis à part un lot de quatre-vingt-une larves écloses les 7, 8, 9 et 10, pour en faire une éducation partielle suivie de très-près, et ce petit groupe fut placé dans notre cabinet de travail, dont la fenêtre est restée ouverte jour et nuit afin que l'air y fut constamment aussi pur que possible. Le 15, deux des jeunes chenilles faisaient leur première mue, et le 19, il y en avaient quatre qui avaient déjà passé la seconde, de sorte que pour les vers les mieux venant, le premier et le deuxième âge avaient duré chacun six jours ; mais aussi, le 19, il y avait un certain nombre de larves qui n'avaient point encore changé de peau, et pour celles-ci, en supposant même qu'elles fussent toutes nées le 10, elles avaient déjà dépassé de trois fois vingt-quatre heures le temps que les plus âgées avaient mis pour franchir la première crise de leur existence. La première mue nous a toujours paru une épreuve difficile à supporter pour toutes les espèces de larves qu'il nous a été donné d'observer, et nous avons constamment trouvé la mortalité du premier âge très-considérable. Tous nos jeunes Cynthia, qui n'étaient pas arrivés rondement au deuxième âge ont péri, et le 19, nous en avions déjà perdu seize. Le 21 juillet, onze jours après les dernières naissances, nos quatre-vingt-une larves se trouvaient réduites à quarante-cinq, sur lesquelles il y en avait vingt-deux au troisième âge et vingt-trois au second.

Nous avons remarqué que plusieurs de nos larves mouraient en décomposition, comme il arrive à celles du mûrier lorsqu'elles sont atteintes par le flat ; et le même phénomène s'est présenté dans l'éducation suivie au Jardin botanique, où la mortalité a sévi avec beaucoup plus d'intensité encore.

Le 24, nous avons eu quatre chenilles qui ont fait leur troisième mue, et pour elles le troisième âge n'a duré que cinq jours, puisque nos quatre vers les plus avancés avaient fait leur deuxième mue le 19. Ce même jour, 24, nous avons trouvé une larve du deuxième âge qui suintait des gouttelettes précisément comme il était arrivé à nos Yama-Maï de la graine du Japon entre leur seconde et leur troisième mue. Jamais nous n'avions vu chose pareille pour les vers Cynthia, et nous sommes à nous demander si les chaleurs intenses et la sécheresse exceptionnelle des mois de juin et de juillet de l'année 1865, ne sont pas cause de l'effrayante mortalité qui nous a enlevé un si grand nombre de nos chenilles. Le 25, nous n'en avions plus que trente-cinq dont trente au troisième âge et cinq au quatrième ; tout le reste était mort.

Vers cette époque, nous avons aperçu à plusieurs reprises des larves qui descendaient jusqu'au liége servant à obturer le vase où plongeaient les rameaux et qui s'arrêtaient assez longtemps sur les tiges humides, comme si elles y eussent cherché à boire. Cette attitude singulière de quelques-uns de nos vers nous suggéra l'idée de faire une abondante aspersion sur les feuilles, et tout aussitôt nous en vîmes un du quatrième âge se mettre en quête des gouttes d'eau pour s'en abreuver à mesure qu'il en trouvait sur son chemin. Depuis lors nous avons renouvelé maintes fois cette expérience et nous avons reconnu que les Cynthia buvaient avec le même plaisir que les Yama-Maï. Ils ont donc besoin, eux aussi, d'humidité et nous ne serions pas éloigné de croire que le manque d'eau est une des causes principales qui nous en a fait mourir plus de la moitié dans les dix-sept premiers jours de leur existence.

Une autre observation que nous avons pu faire le même jour, nous a singulièrement étonné, c'est le premier repas d'une de nos larves qui venait de terminer sa troisième mue. Après être restée un certain temps immobile comme pour se reposer du travail qu'elle venait d'accomplir, elle s'est retournée vers sa vieille peau et l'a mangée tout entière. Nous avons constaté *de visu* ce fait bizarre à trois reprises différentes le 25, le 26 et le 27 juillet. Nous avions lu que les Yama-Maï, après avoir mué, mangeaient la peau dont ils venaient de se débarrasser, mais nous ne l'avions jamais vu ; pour le bombyx Cynthia nous avons été témoin du fait par trois fois. Ce repas étrange n'a eu lieu qu'une heure ou deux après la mue achevée, et les larves, après l'avoir fait se sont tenues au repos un temps assez long avant de chercher leur nourriture habituelle. Nous avons reconnu aussi que, comme les vers Yama-Maï, les Cynthia semblaient manger de meilleur appétit après qu'ils avaient bu.

Le 29, trois chenilles avaient accompli leur quatrième mue, ce qui portait à cinq jours la durée de leur quatrième âge.

Le 10 août, l'éducation entière des 81 larves n'en comptait plus que 25, dont 19 au cinquième âge et 6 au quatrième. Le même jour nous avons reconnu, dans la soirée, les traces de trois vers qui s'étaient vidés et qui avaient déjà commencé à rouler des feuilles ; le lendemain matin nous avions trois cocons, trente-cinq jours après les premières naissances et treize jours après la quatrième mue.

Le dernier cocon a été filé le 27, seize jours en retard sur le premier et quarante-huit après les dernières naissances. On peut donc évaluer à quarante et un jours pour cette éducation expérimentale, la vie moyenne des vers Cynthia sous leur forme de larve.

Nous avons perdu quelques larves du cinquième âge qui ont montré des symptômes analogues à ceux qui caractérisaient la maladie des Yama-Maï nés de la graine du Japon. En effet trois de nos plus beaux vers Cynthia, parvenus au point de faire leur cocon, se sont trouvés tout à coup envahis par de larges taches fuligineuses sur deux ou trois de leurs anneaux. Leur corps entier a subi alors une desquamation de l'épiderme qui tombait comme de la farine, et la mort est survenue pour chacun, deux ou trois jours après l'apparition des taches. Cette maladie s'est montrée aussi dans l'éducation du Jardin botanique où elle a fait de très-grands ravages. En somme les quatre cents larves qui nous sont nées de la graine envoyée par M. Guérin-Méneville ne nous ont donné que vingt-quatre cocons dont dix-neuf ont été filés dans mon cabinet.

Les chaleurs excessives qui se sont prolongées cette année jusqu'à la fin de septembre, ont provoqué l'éclosion d'un certain nombre de nos cocons et nous avons eu dix papillons dont le premier est venu le 12 septembre et le dixième le 20. Sur ces dix papillons il y avait quatre mâles, dont un est sorti au Jardin botanique. Nous avons eu des accouplements et ils ont produit une certaine quantité de graine ; mais nous regrettons cette précocité, car elle a réduit d'autant ce que nous pouvions avoir en 1866.

Si nous voulons apprécier en chiffre les résultats de l'éducation restreinte qui a été faite dans mon cabinet, nous trouvons :

Larves mortes au premier âge	29,	soit	35,8024	p. %
— — au deuxième	17,	soit	20,9876	p. %
— — au troisième	3,	soit	3,7037	p. %
— — au quatrième	8,	soit	9,8765	p. %
— — au cinquième	5,	soit	6,1728	p. %
— ayant donné des cocons	19,	soit	23,4567	p. %

Et sur le nombre 19 des cocons :

10, soit 52,63157 p. % sont restés comme réserve pour 1866
et 9, soit 47,36842 p. % ont éclos.

Cette proportion des cocons éclos en automne, nous a paru vraiment énorme, en nous reportant à ce qui se passait à Metz depuis trois ou quatre ans environ ; mais nous pensons qu'on ne saurait l'attribuer qu'à la température anormale de 1865, année tout à fait exceptionnelle, tant pour l'intensité et la durée de ses chaleurs que pour la continuité de la sécheresse.

Malgré que l'éducation de nos vers de l'ailante ait été tout à fait désastreuse, nous avons néanmoins relaté les observations qu'elle nous a permis de faire, en raison même de l'étrangeté des conditions dans lesquelles nous l'avons vue se poursuivre, depuis le commencement jusqu'à la fin. Le quasi-échec que nous avons éprouvé cette année, ne nous détournera pas certainement de recommencer nos expériences à la saison prochaine, parce que le bombyx Cynthia fournit une soie très-robuste et très-abondante. Son cocon, en effet, quoiqu'il semble tout petit à l'œil, surtout quand on le compare au volume de la chenille qui le tisse, pèse de vingt à vingt-cinq centigrammes, et on ferait évidemment une faute en le dédaignant; sa soie moins belle, sans doute, que celle du bombyx du mûrier ou du bombyx Yama-Maï, finira indubitablement par trouver un emploi considérable pour les étoffes solides comme pour celles d'ameublement, et nous ne doutons pas que l'éducation de ce beau papillon ne vienne, un jour ou l'autre, à conquérir une place importante dans l'industrie. Nous pensons néanmoins qu'elle ne s'implantera pas facilement dans nos pays du Nord-Est, où nous croyons que le véritable producteur de la soie doit être le Yama-Maï. Il sera toujours facile en effet de faire partout, dans les campagnes, des éducations heureuses de ce ver qui se nourrit des feuilles du chêne, à la condition pourtant de ne pas les faire encombrées, parce que cette magnifique chenille, comme toutes les autres au surplus, exige pour prospérer, beaucoup d'air et beaucoup d'espace : là est le secret pour réussir.

Metz, Imp. J. Verronnais.

www.ingramcontent.com/pod-product-compliance
Ingram Content Group UK Ltd.
Pitfield, Milton Keynes, MK11 3LW, UK
UKHW020934180726
13838UKWH00002B/944